高等职业技术教育电子电工类专业“十二五”规划教材

电子技术及应用

主　编　刘　刚
副主编　尹卿朵　窦婷婷

西安电子科技大学出版社

内容简介

本书由模拟电子技术应用和数字电子技术应用两大部分组成，共包含11个项目，除项目十和项目十一外，每个项目都由多个任务组成，其中展开的“任务包”有：在面包板上搭建各种基本功能电路；基本项目产品有表决器、花样彩灯、电子门铃等；综合项目产品有功率放大器、直流稳压可调电源、智力抢答器、数字钟等。项目的模块理论指导简介本模块任务相关的理论知识，供学生在任务实施过程中参考。

本书在任务驱动的教学模式下，通过任务包内一个个由简单到复杂的、具有实际意义和应用价值的工作任务，将必要的理论与实践糅合在一起。本书学习内容与工作岗位对接紧密，学习过程贴近生产实践，有利于应用型、技能型人才的培养。

本书可作为高等职业院校的电气、电子、通信、自动化、计算机等专业的电子技术项目课程教材，也可作为电子技术工程人员的参考书。

图书在版编目(CIP)数据

电子技术及应用/刘刚主编. —西安：西安电子科技大学出版社，2014.10(2017.2重印)
高等职业技术教育电子电工类专业“十二五”规划教材
ISBN 978-7-5606-3469-2

Ⅰ. ① 电…　Ⅱ. ① 刘…　Ⅲ. ① 电子技术—高等职业教育—教材
Ⅳ. ① TN

中国版本图书馆CIP数据核字(2014)第220437号

策划编辑　刘　杰
责任编辑　雷鸿俊
出版发行　西安电子科技大学出版社(西安市太白南路2号)
电　　话　(029)88242885　88201467　　邮　　编　710071
网　　址　www.xduph.com　　电子邮箱　xdupfxb001@163.com
经　　销　新华书店
印刷单位　陕西天意印务有限责任公司
版　　次　2014年10月第1版　2017年2月第2次印刷
开　　本　787毫米×1092毫米　1/16　印张　11
字　　数　256千字
印　　数　3001～6000册
定　　价　19.00元
ISBN 978-7-5606-3469-2/TN
XDUP　3761001-2

前　言

本书是在项目课程改革的基础上，根据高职高教培养目标的要求编写而成的，是后续课程进行岗位能力培养的必要基础。

依据现代社会生产力发展的需求，项目课程已成为职业教育改革活动的重要方面。项目课程学习的主要是“做”的方法和“做”本身。“做”是获得知识的主要途径，思维活动则是动作的内化。本书通过多个任务群，让学生带着问题去“做”，在“做”的同时去学习、思考问题，掌握知识。在真实的学习环境中，积极地完成任务，努力思考其中的实践性问题，使学生在认知结构中与任务建立有机的联系。

本书的学习思路如下：

其一，由一定的任务群组成模块，不同的模块组成项目，通过任务驱动项目学习。基本单元是任务，所以任务的分析是非常重要的。例如，项目三中模块 1 里的任务 1、2 是用来实现功率放大的，但存在着缺陷；项目三中模块 2 里的任务 1、2 是不同条件下完美的功率放大。项目设计更为重要，在项目三中的模块 3 里，设计制作一个实用的功率放大器，学生要将所“做”的、所学的有机地联系在一起，进行典型产品的制作，产生一个结果，得到一个响应。

其二，在完成任务之前，本书明确了学习的内容，提出了学习问题，制定了学习要求，让学生有目的地去完成相关模块内的任务。每个模块完成后，要有理论练习、体会；每个项目完成后，要有理论总结、认识。要让“做”出来的知识成为自己身体的一部分。

其三，任务完成后的理论指导总结了每个模块的理论知识重点、难点，对理论系统知识进行了概述。

本书分上、下两篇，即模拟电子技术应用和数字电子技术应用。其中模拟电子的典型产品以功率放大器和可调直流电源为例，数字电子的典型产品以电子门铃、抢答器和数字钟为例。

本书由刘刚主编，负责编写项目二、三；尹卿朵、窦婷婷任副主编，其中尹卿朵负责编写项目一、五、六、七、八、九，窦婷婷负责编写项目四、十、十一。本书由于洪永主审，刘新才、张钰在本书的编写过程中给予了很大帮助，山东职业学院翟庆一、樊廷忠对本书提出了许多宝贵意见，在此表示衷心的感谢。

本书可能还存在不足之处，恳请读者批评指正。

编　者

2014 年 5 月

目　　录

上篇　模拟电子技术应用

下篇　数字电子技术应用

上篇　模拟电子技术应用

项目一　小信号放大电路

模块1　常用电子仪器的使用

学习内容：

(1) 多路直流电源/信号发生器的使用。

(2) 真空管毫伏表的使用。

(3) 示波器的使用。

学习问题：

(1) 使用毫伏表应该注意什么问题？

(2) 怎样调节信号发生器输出的正弦信号的频率和大小？

(3) 怎样用示波器的两路通道同时观察信号发生器产生的正弦波信号？

学习要求：

(1) 掌握直流电源/信号发生器的正确使用方法。

(2) 掌握真空管毫伏表的正确使用方法。

(3) 掌握示波器的正确使用方法。

【模块任务】

任务1　多路直流电源的使用

(一) 任务要求

学习直流电源的使用方法。

(二) 任务内容

选择多路电源中合适的一路，调节粗调和微调旋钮，使直流电源的输出电压为12 V，用万用表直流电压挡50 V监测。

(三) 任务结论

根据测试与讨论的结果，写出实践研究报告(目的、原理及方法、数据测试、分析及总结)。

任务2　用毫伏表测量信号发生器的输出电压

(一) 任务要求

学习毫伏表和信号发生器的使用方法。

(二) 任务内容

毫伏表测得的数据是正弦交流电的有效值，所选量程应最接近于被测信号且大于被测信号;测量前应先调零，将两测量端短接，调整调零旋钮，使指针指零，每次改变量程后应重新调零。

信号发生器产生的正弦信号频率由信号发生器上的“频率倍乘”和“频率波段选择开关”共同指示，大小由信号发生器上的“输出衰减”旋钮来调节。

按图 1-1-1 接线，注意毫伏表和信号发生器的地端应连在一起。

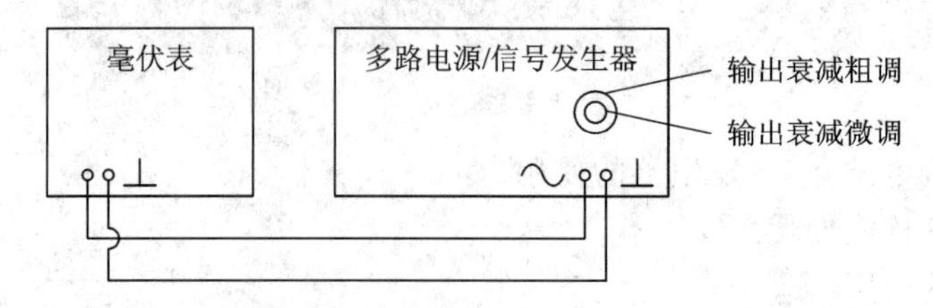

图 1-1-1　用毫伏表测量信号发生器输出电压的接线图

按表 1-1-1 调节信号发生器，使其输出 1 kHz 的正弦信号。

表 1-1-1　f = 1 kHz 的信号所对应的频率调节旋钮位置

频率倍乘	频率波段选择开关	
	左	右
1 k	1	0

使信号发生器“输出衰减”粗调旋钮置于“1”挡，调节“输出衰减”微调旋钮，使毫伏表指示为 4 V，如表 1-1-2 中所示;“输出衰减”微调旋钮保持不变，将粗调旋钮置于“10^{-1}”挡，为毫伏表选择合适的量程，重新调零，测量信号发生器的输出信号，把测得的结果记入表 1-1-2 中;再将粗调旋钮置于“10^{-2}”挡，重复前面的步骤，把测得的结果也记入表 1-1-2中。

表 1-1-2　“输出衰减”粗调测量

“输出衰减”粗调位置	1	10^{-1}	10^{-2}
毫伏表读数	4 V		

总结信号发生器输出正弦电压大小、频率的调节和测量方法，调出表 1-1-3 中的三个正弦信号。

表 1-1-3　信号发生器正弦电压调节测量

正弦波信号	频率倍乘	频率波段选择开关		输出衰减粗调旋钮	毫伏表挡位
		左	右		
1 kHz，10 mV					
200 Hz，3 V					
40 kHz，200 mV					

(三) 任务结论

根据测试与讨论的结果，写出实践研究报告(目的、原理及方法、数据测试、分析及总结)。

任务3　用示波器观察信号发生器的输出电压波形

(一) 任务要求

学习示波器的使用方法。

(二) 任务内容

(1) 按表1-1-4调节示波器相应旋钮或开关的位置。

① 调节“辉度”、“聚焦”和“辅助聚焦”旋钮，使扫描线又细又清晰。

② 调节Y1所属的“↕”和“↔”两旋钮，使扫描线位于屏幕的中央。

表1-1-4　示波器位置调整方式

触发信号选择	触发极性	触发工作方式	拉Y2	Y轴工作方式	输入信号选择
内	+(或-)	自激	推入	Y1	⊥

(2) 用Y1通道观察信号发生器输出电压的波形。

① 按图1-1-2接线，将示波器“输入信号选择”开关由“⊥”位置扳到“AC”位置上。

② 根据信号电压的大小，调节Y1通道“灵敏度选择”开关，使显示的正弦波形有合适的幅度。

③ 根据信号频率的大小，适当调节“扫描速率”转换开关及其微调旋钮，使屏幕上显示2～3个完整的波形。

④ 配合调节“扫描速率”转换开关和“电平”旋钮，以得到稳定的显示波形。

⑤ 调节Y1所属的“↕”和“↔”两旋钮，使波形位于屏幕的中央。

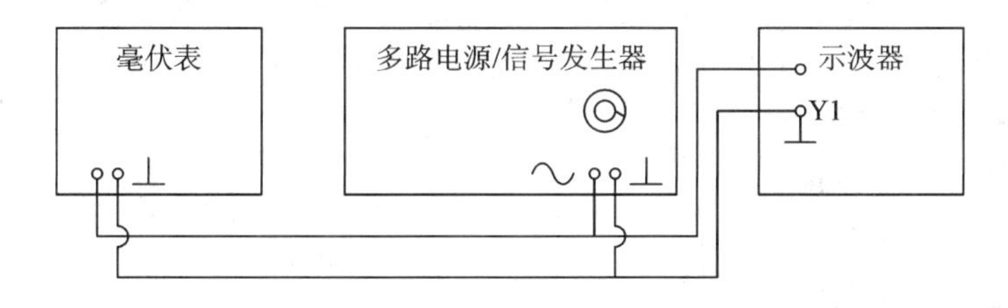

图1-1-2　示波器Y1通道信号发生器输出电压波形接线图

(3) 根据以上调节方法，用示波器分别观察1 kHz/10 mV、200 Hz/3 V、40 kHz/200 mV三个正弦信号的波形。

(三) 任务结论

根据测试与讨论的结果，写出实践研究报告(目的、原理及方法、数据测试、分析及总结)。

【模块理论指导】

1. 模块基本要求

掌握 电子仪器的选配;各种电参数的测量方法。

理解 电子测量的基本方法和特点。

2. 模块重点和难点

重点 电子仪器的正确使用方法;电子测量的一般方法。

难点 电子仪器的正确使用方法。

3. 模块知识点

(1) 掌握直流电源、信号发生器的正确使用方法。

(2) 掌握真空管毫伏表的正确使用方法。

(3) 掌握示波器的正确使用方法。

【归纳与总结】

学生在任务总结的基础上,写出对模块1中知识总的认识和体会。

模块 2　半导体二极管性能测试与应用

学习内容：

(1) PN 结的特性。

(2) 二极管的结构、分类及符号。

(3) 二极管的特性。

(4) 二极管的主要参数。

(5) 二极管电路的分析方法。

(6) 发光二极管和稳压二极管的性能特点。

学习问题：

(1) PN 结的基本特性是什么？

(2) 二极管的特性是什么？二极管的主要参数有哪些？

(3) 如何用万用表判断一只二极管的质量和正负极？

(4) 如果把一只普通二极管正向直接接到一个 1.5 V 干电池的两端，会出现什么问题？

(5) 理想二极管模型是怎样的？二极管恒压降模型又是怎样的？电路分析时采用这两种模型时，对电路有什么要求？

(6) 使用发光二极管时应注意什么问题？

(7) 硅稳压管起稳压作用时，一般工作于什么状态？

学习要求：

(1) 掌握二极管的单向导电特性。

(2) 会用二极管的理想模型和恒压降模型分析二极管的应用电路。

(3) 会根据电路设计要求选择一只合适的二极管。

【模块任务】

任务 1　了解不同类别的二极管外形及主要参数

(一) 任务要求

认识二极管的外形，了解参数的含义。

(二) 任务内容

二极管的种类很多，包括普通二极管、发光二极管、稳压二极管、光电二极管等。图 1-2-1是一些典型二极管的外形。国产二极管的型号包含五个组成部分(国外型号只有三部分)，每部分都有其特定的意义，具体可参考书末参考文献[2]。

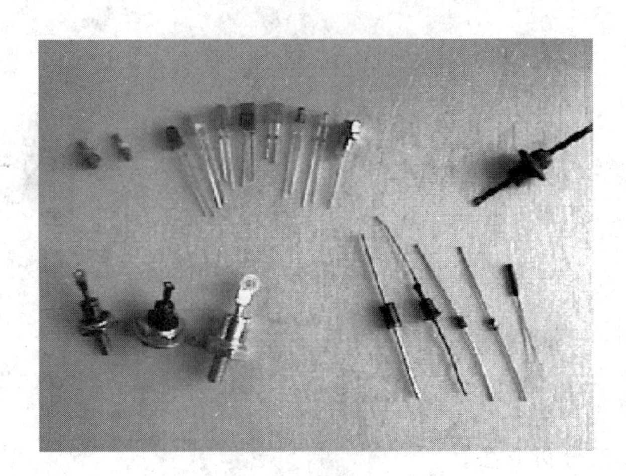

图 1-2-1　典型二极管图

取管子外面有型号的普通、整流、稳压、发光、开关二极管各一个，根据二极管的型号与外形，来确定晶体二极管的名称、符号与用途等，并填写表 1-2-1。

表 1-2-1　晶体二极管的型号、符号与用途

序号	型　号	符　号	用　途
1			
2			
3			
4			
5			

(三) 任务结论

根据测试与讨论的结果，写出实践研究报告(目的、原理及方法、数据测试、分析及总结)。

任务 2　普通二极管伏安特性曲线的测试

(一) 任务要求

通过测试了解二极管的特性。

(二) 任务内容

二极管伏安特性指其两端电压与通过的电流之间的关系。取一个普通二极管，按图 1-2-2所示在面包板上连接电路，A、B 两端接 5 V 直流电源，调节电位器 R_p，使 u_I按表 1-2-2 从零逐渐增大至5 V，用万用表测出电阻 R 两端的电压 u_R及二极管两端的电压 u_D，测量结果记录于表 1-2-2 中，并根据 $i_D=u_R/R$ 计算出通过二极管的电流 i_D，由此测得二极管的正向特性。

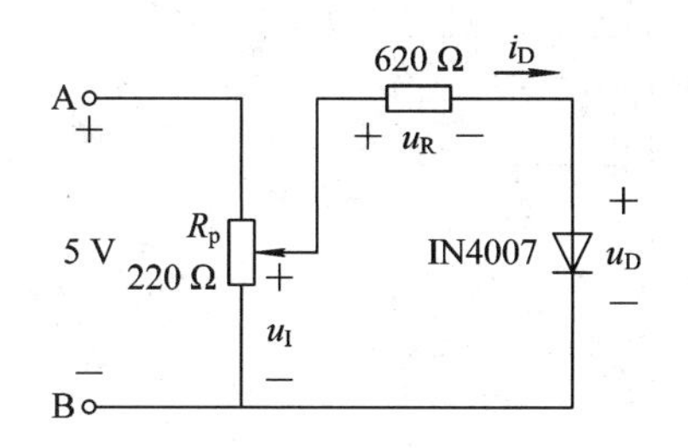

图 1-2-2　二极管伏安特性的测试

表 1-2-2　二极管的正向特性

u_I/V	0	0.4	0.5	0.6	0.7	0.8	1	1.5	2	3	4	5
u_R/V												
u_D/V												
i_D/mA												

将图 1-2-2 中电源正、负极互换，使二极管反偏，调节电位器 R_p，使 u_I分别为表 1-2-3所示值时，测出对应的 u_R及 u_D，记入表 1-2-3 中，由此测得二极管的反向特性。

表 1-2-3　二极管的反向特性

u_I/V	0	−1	−2	−3	−4	−5
u_R/V						
u_D/V						
i_D/μA						

通过测试二极管的特性，绘制二极管的特性曲线，总结二极管的特性。

(三) 任务结论

根据测试与讨论的结果，写出实践研究报告(目的、原理及方法、数据测试、分析及总结)。

任务 3　二极管性能检测

(一) 任务要求

了解二极管性能测试方法。

(二) 任务内容

1. 普通二极管

二极管的特性就是单向导电性：正向导通，反向截止。用万用表检测二极管，实际上就是检测二极管的单向导电性。将指针式万用表置于电阻挡 $R\times1$k 挡，首先两个表笔短接调零，然后用两表笔分别接触二极管的两管脚(如图 1-2-3 所示)，测出一个阻值，交换表笔再测一次，又测出一个阻值。对于一只正常的二极管，一次测得电阻值大，一次测得电阻值小，测得阻值较小的一次，与黑表笔相接的电极为二极管的正极，反之，在测得阻值较大的一次中，与黑表笔相接的一端为二极管的负极。把测量结果记录在表 1-2-4 中。

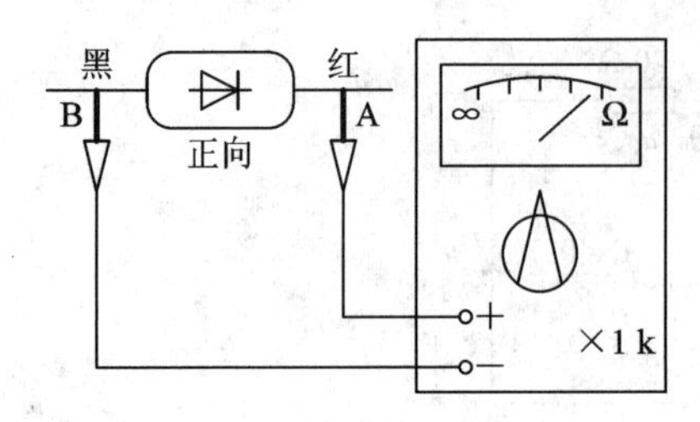

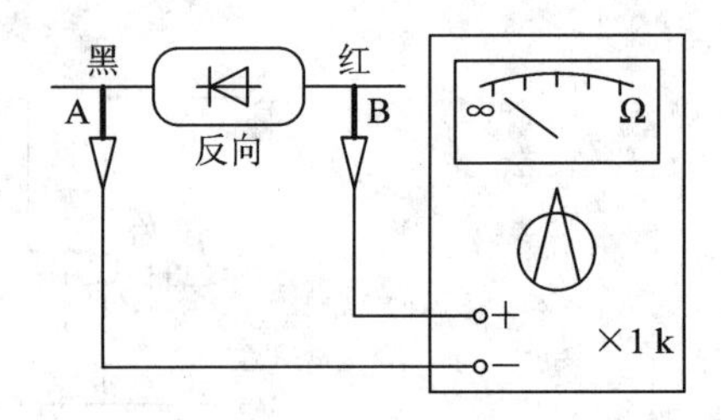

图 1－2－3　二极管特性测试

表 1－2－4　二极管特性测试

A、B 之间电阻值		管脚极性		性能好坏
正　向	反　向	A	B	

二极管的材料及质量好坏也可以从正反向阻值中判断出来。一般硅管正向电阻为几千欧姆，锗管为几百欧姆；硅管反向电阻几乎为无限大，锗管为几十千欧姆。如果两次测得的电阻值都很小，则说明二极管内部短路；若两次测得的电阻值都很大，则说明管子内部断路。这两种情况都说明二极管已损坏。若两次测得的电阻值相差不大，则说明管子单向导电性很差，为劣质管，也不能使用，而正向电阻越小、反向电阻越大的二极管质量也越好。

对于小功率二极管的正负极，常在二极管的一端用色环标示出负极，塑封用白色环，玻璃封装用黑色(或其他色)标示负极。

2. 发光二极管(LED)

发光二极管经常用于显示电路中。发光二极管也具有单向导电性，只有外加正向电压使正向电流足够大时才发光，正向电流越大，发光越强。发光颜色取决于所用材料，有红、橙、黄、绿等色。

发光二极管的正向阻值比普通二极管正向电阻大，一般在 10 kΩ 的数量级，反向电阻在 500 kΩ 以上。发光二极管的正向压降也比较大，在 1 V 以上。从外观上看，发光二极管正极引脚比负极长。

发光二极管在使用中，为了使其正常发光，必须加上合适的工作电流，同时要保证不超过其最大正向电流、反向击穿电压以及最大允许耗散功率等极限参数。按图 1－2－4 所示电路可进行发光二极管的测试，把测量结果记录在表 1－2－5 中，并根据 $i=u_R/R$ 计算出通过二极管的电流 i_D。

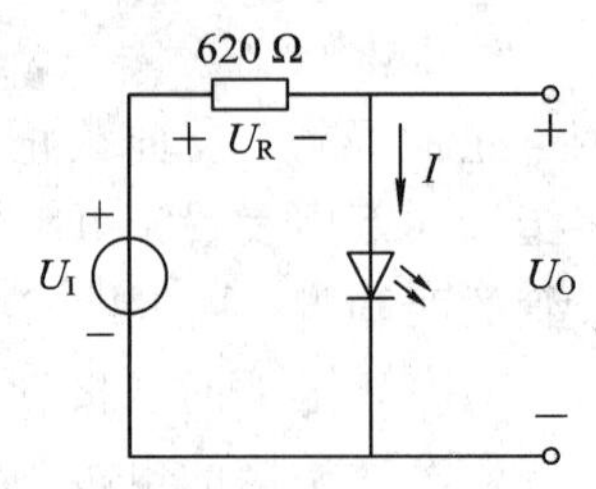

图 1－2－4　发光二极管测试电路

表 1-2-5　发光二极管测试

U_I/V	3	4	5
U_O/V			
U_R/V			
I/mA			
亮度			

3. 稳压二极管

稳压二极管是一种硅材料制成的面接触型二极管。其正向特性和普通二极管相似，而反向击穿时，在一定电流范围内，端电压几乎不变，表现出稳压特性，因而广泛应用于稳压电路中。按图 1-2-5 所示电路可进行稳压二极管的测试，把测量结果记录在表 1-2-6 中。

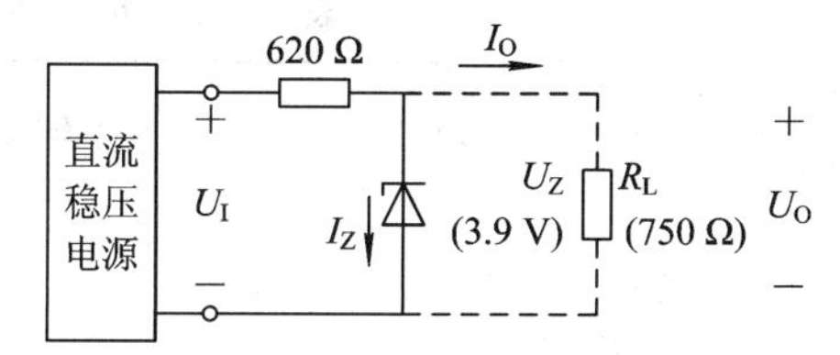

图 1-2-5　硅稳压管稳压电路

表 1-2-6　稳压二极管测试

数据＼条件	负载不变($R_L=\infty$)			$U_L=10$ V	
	U_I/V			R_L/Ω	
	8	10	12	∞	750
U_O/V					
I_Z/mA					

(三) 任务结论

根据测试与讨论的结果，写出实践研究报告(目的、原理及方法、数据测试、分析及总结)。

任务 4　二极管的应用

(一) 任务要求

了解二极管的用途。

(二) 任务内容

1. 整流电路

按图 1-2-6 所示连接电路，在输入端加上 1 kHz、3 V 的正弦信号，用示波器同时观察 u_i、u_o的波形，记入表 1-2-7 中。

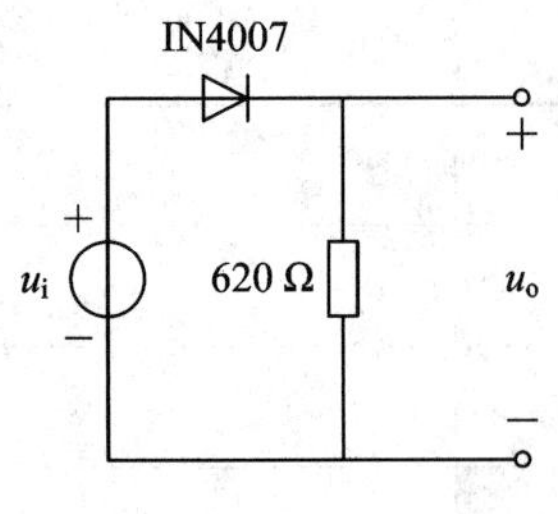

图 1-2-7　整流电路

表 1-2-7　整流电路测试

u_i 波形	
u_o 波形	

2. 限幅电路

按图 1-2-7 所示连接电路，使 E=2 V，在输入端加上 1 kHz、4 V 的正弦信号，用示波器同时观察 u_i、u_o的波形，记入表 1-2-8 中；再使 E=−2 V，输入保持不变，用示波器观察 u_i、u_o的波形，也记入表 1-2-8 中。

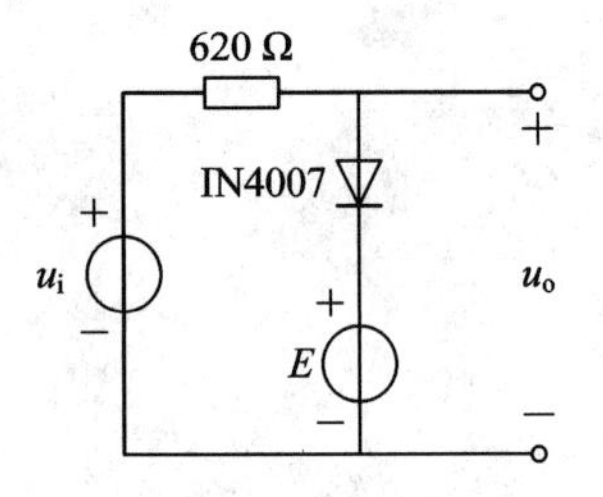

图 1-2-7　限幅电路

表 1-2-8　限幅电路测试

条件	E=2 V	E=−2 V
u_i 波形		
u_o 波形		

3. 二极管与门电路

按图 1-2-8 所示连接电路，调节电位器 R_p，使 U_I=3 V，并按表 1-2-9 所示，将 U_I分别接到 A、B 两点(注：U_A、U_B为 0 时，A 端或 B 端必须接地)，用万用表测出相应的输出电压 U_O，测量数据记入表 1-2-9 中。

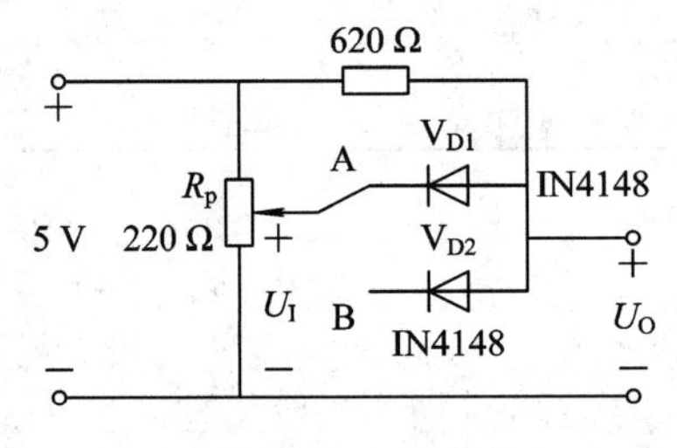

图 1-2-8　二极管与门电路

表 1-2-9　二极管与门功能测试

U_A/V	U_B/V	U_O/V
0	0	
0	3	
3	0	
3	3	

（三）任务结论

根据测试与讨论的结果，写出实践研究报告(目的、原理及方法、数据测试、分析及总结)。

【模块理论指导】

1. 模块基本要求

掌握　PN结的单向导电性；普通二极管的伏安特性、工作特点及主要参数；二极管理想模型、恒压降模型及其应用；稳压二极管、发光二极管与光电二极管的作用。

理解　二极管电路图解法和微变等效电路分析法，学会分析二极管应用电路。

了解　半导体的基本知识；二极管的结构、类型及工作原理。

2. 模块重点和难点

重点　二极管的单向导电性及二极管应用电路的分析。

难点　二极管应用电路的图解法和微变等效电路等分析方法的学习。

3. 模块知识点

1）半导体的基础知识

(1) 半导体的导电性能。半导体有自由电子和空穴两种载流子参与导电。

本征半导体的载流子由本征激发产生，自由电子和空穴成对产生(也成对消失)，其浓度随温度升高而增加。常温下，其导电性能很差。

本征半导体中掺入五价元素杂质，形成N型半导体，其中自由电子为多子，空穴为少子；本征半导体中掺入三价元素杂质，则形成P型半导体，其中空穴为多子，自由电子为少子。

杂质半导体中的多子主要由掺杂产生，故多子浓度取决于掺杂浓度，其值较大，且基本上不受温度影响；少子的产生主要由本征激发产生，其数量与温度有关。

(2) PN结的单向导电性。PN结上外加电压，若P区接电位高端，N区接电位低端，则称为正向偏置；反之则称为反向偏置。

PN结正偏时导通，呈现很小的电阻，形成较大的正向电流；反偏时截止，呈现很大的电阻，反向电流近似为零。因此，PN结具有单向导电性。反向偏置电压过大，PN结被反向击穿，单向导电性被破坏。

2）二极管的特性和主要参数

(1) 二极管的伏安特性。二极管的伏安特性具有非线性，即通过半导体的电流 i_D 与其两端电压 u_D 不成正比。伏安特性表达式为

$$i_D = I_S(e^{\frac{u_D}{U_T}} - 1)$$

式中：I_S 为二极管的反向饱和电流；U_T 为温度电压当量，在常温($T=300$ K)下，$U_T \approx 26$ mV。

常用的二极管有硅管和锗管，硅二极管的正向导通电压 $U_{D(ON)} \approx 0.7$ V，锗二极管的 $U_{D(ON)} \approx 0.2$ V。

(2) 二极管的主要参数。普通二极管的主要参数有最大整流电流和最高反向工作电压。使用中还应注意二极管的最高工作频率和反向电流，要求反向电流越小越好，硅管反向电流比锗管小得多。温度对二极管的特性有显著影响。

3）二极管电路的分析

（1）普通二极管。普通二极管电路的分析主要采用模型分析法。在大信号状态，往往将二极管等效为理想二极管，即正偏时导通，电压降为零，相当于理想开关闭合；反偏时截止，电流为零，相当于理想开关断开。

（2）二极管电路的图解分析法和微变等效电路分析法。图解法求解非线性电路是电路分析中的常用方法之一，但作图较麻烦。

在二极管电路中既含有直流电源又含有交流信号电压，因此流过二极管的电流有直流和交流两种。当交流信号幅度很小时，分析交、直流量共存的电子电路，常用的方法是对直流状态和交流状态分别进行讨论，称为静态分析和动态分析，然后进行综合。动态分析可采用二极管微变等效电路求解。

4）特殊二极管

（1）稳压二极管。稳压二极管是一种特殊的硅二极管。正常情况下稳压管工作在反向击穿区，反向击穿电流在很大范围内变化时，其端电压变化很小，因而具有稳压作用。

（2）发光二极管和光电二极管。发光二极管和光电二极管也是一类特殊的二极管，是用以实现光、电信号转换的半导体器件，它们在信号处理、传输中获得了广泛的应用。发光二极管是通以正向电流就会发光的二极管，因采用的材料不同，可发出红、橙、黄、绿、蓝等光；光电二极管是将光信号转为电信号的半导体器件，它工作在反向偏置状态，在光的照射下，其反向电流随光照强度而变。

5）二极管特性的测试与应用

（1）二极管的识别与检测。二极管的种类很多，它们的分类、型号、特性和参数等都可以从半导体手册中查到。由于半导体器件特性的分散性，具体某一只管子的特性可通过电子仪器测量得到。实际中常用万用表判别普通二极管的极性和质量好坏。

（2）二极管特性及基本应用电路的测试。通过简单二极管电路的测试，以加深二极管特性的理解，学习电子电路实验的基本方法。

【归纳与总结】

学生在任务总结的基础上，写出对模块 2 中知识总的认识和体会。

模块3　半导体三极管性能测试

学习内容：

(1) 晶体管的类型与符号。

(2) 晶体管的电流放大原理。

(3) 晶体管的输入、输出特性曲线。

(4) 晶体管的主要参数。

(5) 场效应管。① 结型场效应管(以增强型 NMOS 管为例)的结构和类型、工作原理、伏安特性曲线及主要参数；② 场效应管与双极型晶体管的异同点。

学习问题：

(1) 如何从电路符号上判断晶体管的类型？

(2) 晶体管具有放大作用的外部条件是什么？

(3) 晶体管有哪三种工作状态？处于某种工作状态时，三个管脚的电位有什么关系？

(4) 晶体管的性能参数和极限参数主要有哪些？

(5) 测得放大电路中四只晶体管的直流电位如表 1-3-1 所示，分别说明每个管子的类型及材料，并判断①、②、③中哪个是基极、发射极和集电极。

表 1-3-1　晶体管的直流电位

管号＼管脚	V_1		V_2		V_3		V_4	
	电位/V	管脚	电位/V	管脚	电位/V	管脚	电位/V	管脚
①	−1.3		12		12		−5	
②	−2		3.7		12.7		−1.7	
③	−10		3		15		−1	
类型								
材料								

(6) 场效应管和晶体管有何异同点？

学习要求：

(1) 掌握晶体管的类型和符号。

(2) 掌握晶体管的三种工作状态及对应的外部条件。

(3) 理解晶体管的主要参数的含义。

(4) 会根据电路的设计要求选择一只合适的晶体管。

(5) 了解场效应管和晶体管有何异同点。

【模块任务】

任务 1　晶体三极管的种类识别与管脚判别方法

(一) 任务要求

了解三极管的外形及管脚判别方法。

(二) 任务内容

三极管是电子线路中的核心元件，在模拟电路中用它构成各种放大器，在数字电路中用作开关元件。必须学会三极管管脚的判断及其特性测试的方法。

从三极管的外形上只能大致确定管子耗散功率的大小，要判断是高频管还是低频管、锗管还是硅管、双极型晶体管还是单极型晶体管，必须通过观察管子的型号来确定。分立元件电路中双极型三极管应用更广泛一些，本模块以双极型三极管为例，来说明三极管的种类识别与管脚判别方法。双极型三极管又称为晶体三极管或半导体三极管，简称晶体管。按类型分，有 NPN 型和 PNP 型；按材料分，有硅管和锗管。图 1－3－1 给出了几种常见的三极管外形及管脚排列。

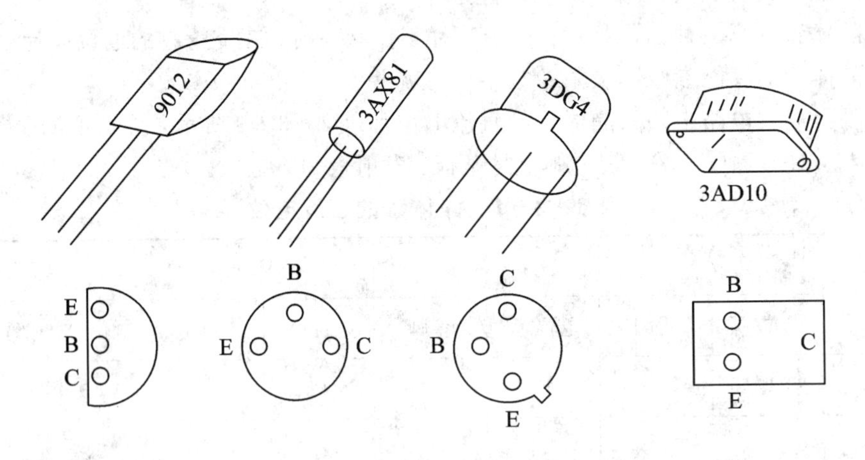

图 1－3－1　常用三极管外形及管脚排列

1. 基极的判别

用万用表的电阻挡判断三极管的基极就是测 PN 结的单向导电性。由三极管的结构知道，NPN 型三极管的基极接在内部 P 区，发射极和集电极则接在内部的 N 区；而 PNP 型管则基极接在 N 区，发射极和集电极接在 P 区。选择一小功率管，将万用表置于 $R\times 1k$ 挡。

首先，任选一管脚假设其为基极，用万用表的黑表笔接触此脚，再用万用表的红表笔分别接触另外两管脚，若两次测得的电阻值都较小，再交换表笔，即红表笔接所设基极，黑表笔分别接触其余两管脚，若两次测得的电阻值都较大，则所设基极确实是基极，如图 1－3－2 所示。若在上面两次测试中有一次阻值是“一大一小”，则所设电极就不是基极，需再另选一电极并设为基极继续进行测试，直至判出基极为止。

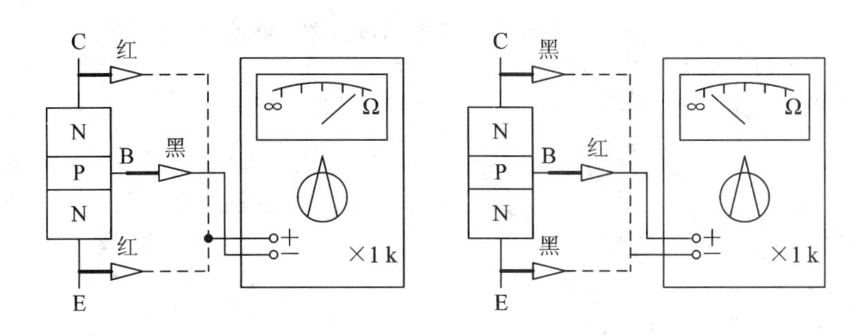

图 1-3-2　基极及管型的判别

2. 类型判别

测出基极的同时，还可判别出管型。用万用表的黑表笔接触基极，再用万用表的红表笔分别接触另外两脚，若两次测得的电阻值都较小（或红表笔接基极，而用黑表笔分别接触其余两管脚，两次测得的电阻值都较大），则管子是 NPN 型；用万用表的黑表笔接触基极，再用万用表的红表笔分别接触另外两脚，若两次测得的电阻值都较大（或红表笔接基极，而用黑表笔分别接触其余两管脚，两次测得的电阻值都较小），则所测管子为 PNP 型。

3. 集电极和发射极的判别

以 NPN 型管为例，基极和管型判定后，假设余下两管脚中一脚为集电极，通过 100 kΩ的电阻把假设的集电极和已测得的基极接通，将万用表的黑表笔接所设集电极，红表笔接另一脚，如图 1-3-3(a)所示，这时注意观察表针的偏转情况，记住表针偏转的位置。再将假定的集电极和发射极互换，把万用表的黑表笔接到第二次假设的集电极上，红表笔接另一脚，如图 1-3-3(b)所示，观察表针的偏转位置。两次假设中，指针偏转大的一次黑表笔所接电极是集电极，另一脚是发射极。

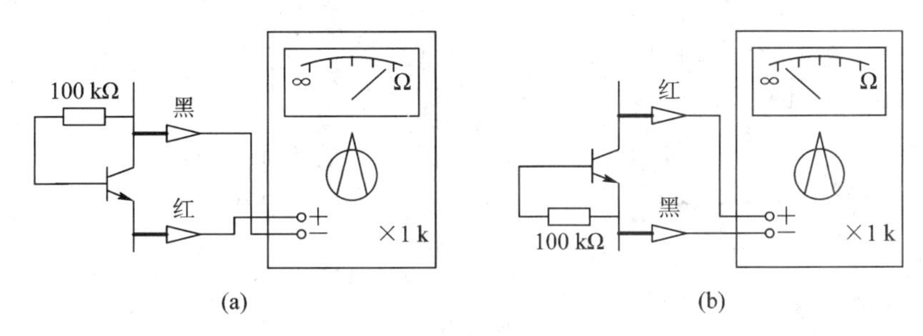

图 1-3-3　集电极、发射极的判别

对于 PNP 型三极管，黑表笔接所设发射极，仍在基极和假设集电极之间加 100 kΩ 的电阻，观察指针的偏转大小，指针偏转大的一次，黑表笔接的是发射极。

4. 材料判别

方法同二极管，即一般硅管 PN 结正向电阻为几千欧姆，锗管 PN 结正向电阻为几百欧姆。

5. 实际操作

取两只不同类型的三极管，通过指针式万用表检测来确定三极管的类型、材料及管脚的排列。把检测结果记录在表 1-3-2 中。

表 1-3-2 晶体三极管的种类与管脚判别

A、B、C 三个管脚间电阻						管 脚			类型	材料	性能
AB	BA	AC	CA	BC	CB	A	B	C			

(三) 任务结论

根据测试与讨论的结果，写出实践研究报告(目的、原理及方法、数据测试、分析及总结)。

任务 2 晶体管的输入、输出特性测试

(一) 任务要求

通过测试了解晶体管的特性，掌握晶体管的三种工作状态。

(二) 任务内容

用万用表可以粗略地测出管子 β 值的大小，但误差较大，而且管子的其他特性很难确定。通过测量电路来测定 β 值，不仅误差较小，而且可测得晶体管的输入、输出特性，对深入了解晶体管的三种工作状态也有很大帮助。图 1-3-4 所示的测试电路可以分别测出共发射极放大电路的输入、输出特性曲线。

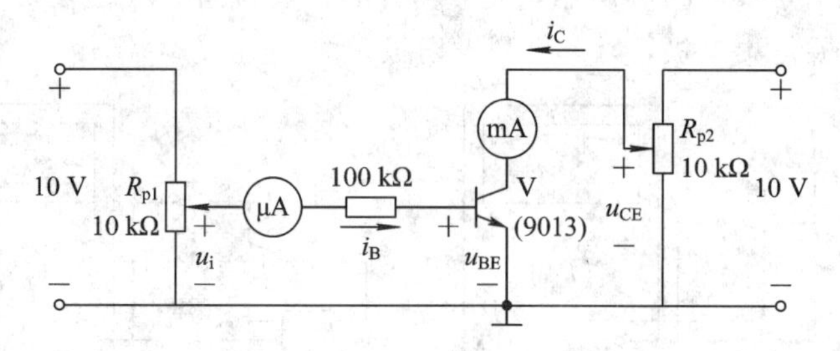

图 1-3-4 三极管特性测试电路

1. 输入特性曲线

取 NPN 型晶体管一个，通过前述方法判定各管脚(即确定 b、c、e 极)，然后按图 1-3-4 所示连接电路，调节 R_{p2}，使 $u_{CE}=0$ V，再调节 R_{p1}，使 u_i 由零逐渐增大，分别使 $i_B=0$ μA、5 μA、10 μA、20 μA、30 μA、40 μA、50 μA、60 μA，测出对应的 u_{BE} 值，记入表1-3-3 中；调节 R_{p2}，使 $u_{CE}=3$ V，重复上述步骤，把测得的数据也记入表 1-3-3 中。

表 1-3-3 晶体管的输入特性

测试条件	i_B/μA	0	5	10	20	30	40	50	60
$u_{CE}=0$ V	u_{BE}/V								
$u_{CE}=3$ V	u_{BE}/V								

2. 输出特性曲线

调节 R_{p1}，使 $i_B=0\ \mu A$，调节 R_{p2}，使 u_{CE} 由零逐渐增大，分别取 $u_{CE}=0$ V、0.5 V、1 V、2 V、4 V、6 V、8 V、10 V，测出对应的 i_C 值，记入表 1-3-4 中；再调节 R_{p1}，分别使 $i_B=20\ \mu A$、$40\ \mu A$、$60\ \mu A$、$80\ \mu A$，重复上述步骤，把测得的数据记入表 1-3-4 中。

根据表 1-3-3 和表 1-3-4 中的数据，在图 1-3-5 的坐标中，绘制出晶体管的输入特性曲线和输出特性曲线。

表 1-3-4　晶体管的输出特性

测试条件	u_{CE}/ V	0	0.5	1	2	4	6	8	10
$i_B=0\ \mu A$	i_C/mA								
$i_B=20\ \mu A$	i_C mA								
$i_B=40\ \mu A$	i_C/mA								
$i_B=60\ \mu A$	i_C/mA								
$i_B=80\ \mu A$	i_C/mA								

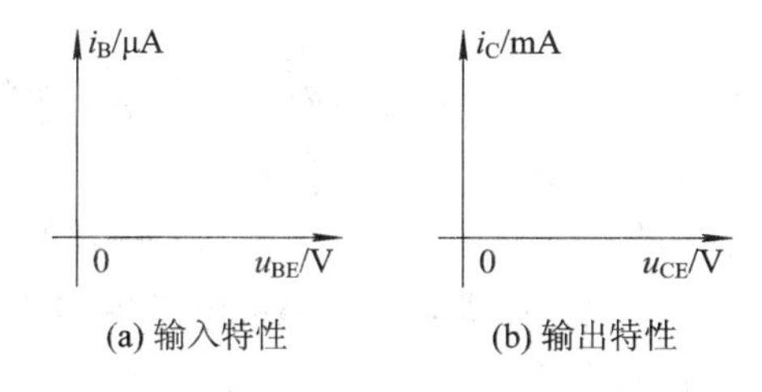

图 1-3-5　晶体管特性曲线

(三) 任务结论

根据测试与讨论的结果，写出实践研究报告(目的、原理及方法、数据测试、分析及总结)。

【模块理论指导】

1. 模块基本要求

掌握　三极管的工作原理、伏安特性及主要参数；三极管的三种工作状态及对应的外部条件。

理解　学会分析三极管的应用电路。

了解　双极型和单极型三极管的结构，正确识别各种三极管的电路符号，能判断三极管的好坏。

2. 模块重点和难点

重点　三极管的工作原理和放大特性、三极管管脚的判定。

难点　三极管管脚的判定、三极管的输出特性曲线。

3. 模块知识点

三极管是具有放大作用的半导体器件，根据结构及工作原理的不同可分为双极型(BJT)和单极型(FET)两类。

1）双极型三极管

（1）工作原理。晶体三极管根据组成结构不同可分为NPN和PNP两种类型，根据制造材料的不同有硅管和锗管之分。

硅三极管在发射结正偏$|U_{BE}|>0.5\ V$、集电结反偏$|U_{CE}|>1\ V$时，三个电极电流有如下关系：

$$i_C=\beta i_B+I_{CEO}\approx\beta i_B$$

$$i_E=i_C+i_B$$

式中，i_C、i_B、i_E分别为集电极、基极、发射极电流，I_{CEO}为穿透电流。

β为共发射极电路电流放大系数。当三极管制成后，β也就确定了，且$\beta\gg1$。可见，用小的基极电流i_B就可以控制大的集电极电流i_C，$i_C=\beta i_B$即反映了三极管的电流放大作用。

（2）三极管的三种工作状态。晶体三极管因偏置条件不同，有放大、截止和饱和三种工作状态。

放大状态的偏置条件为：发射结正偏，集电结反偏。其工作特点是：$i_C=\beta i_B$，且i_C与u_{CE}几乎无关，即i_C具有恒流特性，三极管具有线性放大作用。

截止状态的偏置条件为：发射结零偏或反偏，集电结反偏。其工作特点是：$i_B\approx0$，$i_C\approx0$。

饱和状态的偏置条件为：发射结和集电结均为正偏。其工作特点是：$u_{CE}<u_{BE}$（小功率管$U_{CE(sat)}\approx0.3\ V$），$i_C<\beta i_B$，且i_C不受i_B的控制，随u_{CE}的增大而迅速增大。

（3）三极管的主要参数。晶体三极管的主要参数有：电流放大系数β，极间反向电流I_{CBO}、I_{CEO}，极限参数I_{CM}、P_{CM}、$U_{(BR)CEO}$等，它们都可由半导体器件手册查得。

使用时，应特别注意管子的极限参数，以防止三极管损坏或性能变差。同时还应注意温度对三极管特性的影响，I_{CEO}越小的管子，其稳定性就越好。由于硅管的温度稳定性比锗管好得多，所以目前电路中一般都采用硅管。

2）单极型三极管

（1）场效应管的工作原理。场效应管是利用栅源电压改变导电沟道的宽、窄而实现对漏极电流的控制，由于输入电流极小，故称为电压控制电流器件。

场效应管有耗尽型和增强型，在$u_{GS}=0$时，存在原始沟道形成漏极饱和电流I_{DSS}的管子称耗尽型，只有在u_{GS}值大于开启电压$U_{GS(th)}$值后，才形成导电沟道有漏极电流通过的管子称为增强型。MOS场效应管具有制造工艺简单等优点，因而广泛应用于集成电路中。

（2）场效应管的种类。根据结构的不同，场效应管有结型和绝缘栅型两大类；由于导电沟道的不同，它们又可分为N沟道和P沟道两种。因此，场效应管共有六种，分别为NMOS管增强型与耗尽型、PMOS管增强型与耗尽型以及结型N沟道与P沟道。

（3）场效应管的主要参数。场效应管的主要参数有：开启电压$U_{GS(th)}$（增强型）、夹断电压$U_{GS(off)}$、漏极饱和电流I_{DSS}（耗尽型）以及低频跨导g_m等，其中g_m是表征场效应管放大能力的参数，它等于

$$g_m=\left.\frac{\Delta i_D}{\Delta u_{GS}}\right|_{u_{DS}=\text{常数}}$$

3）三极管的测试与应用

（1）三极管使用基本知识。

① 三极管型号的识别。例如，硅 NPN 型高频小功率管 3DG110A 符号的意义如图 1－3－6所示。

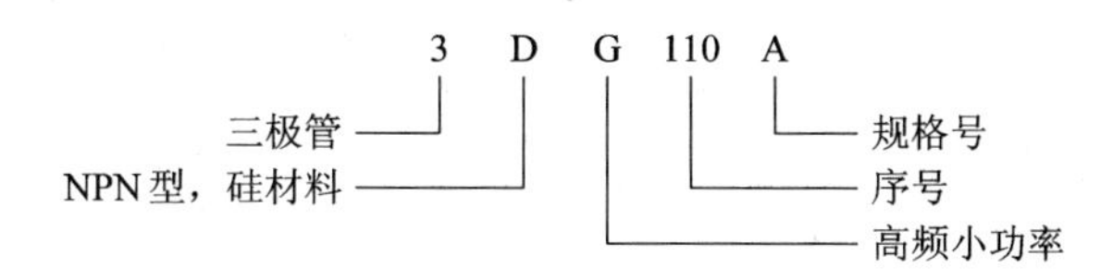

图 1－3－6　高频小功率管型号

② 三极管管脚的排列。使用三极管时应注意管脚的识别。常见晶体三极管管脚排列如图 1－3－7 所示。

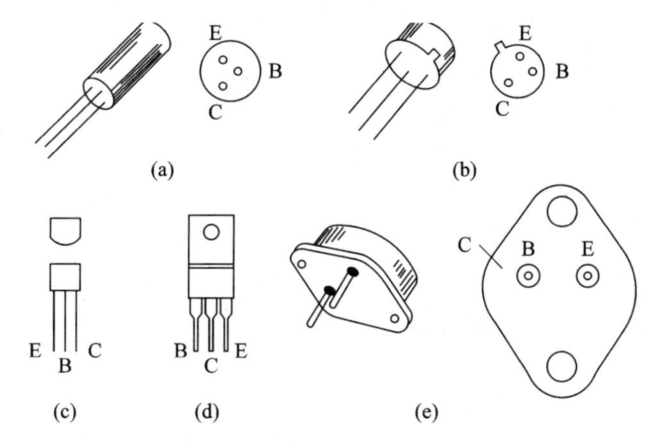

图 1－3－7　常见三极管管脚排列

（2）三极管选用的基本原则。

① 根据电路工作频率确定选用低频管和高频管。由于低频管只适用低频工作，因此当工作频率较高时，就应选用高频管或超高频管。

② 为保证三极管工作的安全，要求所选三极管的极限参数应大于三极管实际所承受的数值，即满足 $P_{CM}>P_{cm}$、$I_{CM}>I_{cm}$、$U_{(BR)CEO}>U_{CMmax}$。

③ 三极管的 β 不是越大越好，β 大的管子其性能稳定性较差，而且 β 太大的管子构成的电路往往容易产生自激振荡。

【归纳与总结】

学生在任务总结的基础上，写出对模块 3 中知识总的认识和体会。

模块 4　三极管小信号基本放大电路

学习内容：

(1) 放大电路的组成。

(2) 放大电路的工作原理。

(3) 单管共射放大电路的结构及各元件的作用。

(4) 放大电路静态工作点的分析方法。

(5) 放大电路的主要性能指标。

(6) 放大电路的动态图解分析法。

(7) 放大电路的小信号等效电路分析法。

(8) 放大电路的非线性失真及消除办法。

(9) 射极输出器电路组成、静态分析及动态分析。

(10) 共源放大电路的分析。

(11) 差分放大电路的分析。

(12) 差分放大电路的输入输出方式。

学习问题：

(1) 放大电路为什么要设置静态工作点？

(2) 分压式偏置放大电路和固定偏置放大电路相比有什么优点？

(3) 如何画放大电路的直流通路和交流通路？

(4) 放大电路所接负载电阻的大小对电路的放大倍数有何影响？如果要减小负载对放大电路的影响，即提高放大电路的带负载能力，则放大电路的输出电阻应该增大还是减小？

(5) 放大电路产生非线性失真的原因是什么？

(6) 在图 1-4-3 所示的放大电路中，若输出电压波形出现底部削平的失真，则晶体管产生了截止失真还是饱和失真？应调整电路中的哪个参数来消除失真？

(7) 单管共射测试电路中增大 R_C 时若输出发生了失真，应为哪种失真？

(8) 单管共射测试电路中若 R_{B2} 断路，则放大电路的输出有什么变化？

(9) 是否放大电路静态工作点合适，输出就一定不会发生失真？

(10) 射极输出器的主要特点有哪些？

(11) 射极输出器是共射、共基还是共集放大电路？比较共射、共集及共基放大电路的异同点。

(12) 场效应管共源放大电路与晶体管共射放大电路的异同点有哪些？

(13) 何谓差模、共模信号及共模抑制比？

(14) 测试电路中，公共发射极电阻 R_E 对共模和差模信号各有什么影响？为什么？

学习要求：

(1) 了解基本放大电路的组成及工作原理。

(2) 学会基本放大电路的分析方法。

(3) 了解放大电路的交流图解分析法。

(4) 掌握用微变(小信号)等效电路法求放大电路的交流参数。

(5) 了解放大电路产生非线性失真的现象及如何调试电路来改善非线性失真。

(6) 掌握射极输出器的特点及用途。

(7) 掌握场效应管放大电路的分析方法。

(8) 掌握差动放大电路的性能及特点。

【模块任务】

任务1　静态工作点的稳定性研究

(一) 任务要求

了解放大电路静态工作点的测试方法。

(二) 任务内容

1. 固定偏置共发射极放大电路

准备两只 β 值不同的 NPN 型晶体管及一些电阻、电容元件，按图 1-4-1 所示连接电路，先用其直流通路估算出静态值，然后输入端短接，测出 I_{BQ}、I_{CQ} 和 U_{CEQ}，把测得的数据记入表 1-4-1 中。

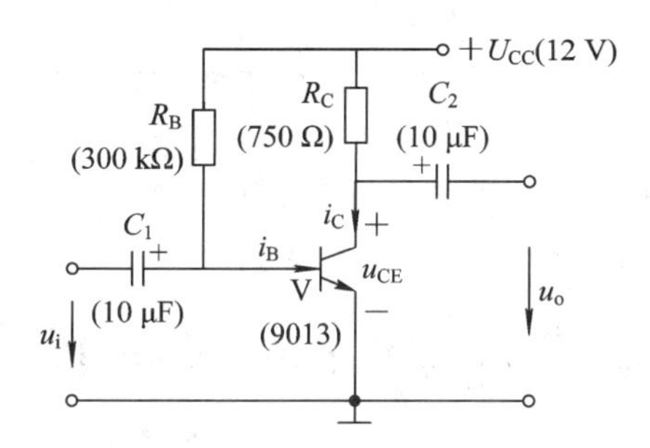

图 1-4-1　固定偏置共射极放大电路

表 1-4-1　固定偏置共发射极放大电路静态工作点测量

测量条件		U_{RB}/V	$I_{BQ}=(U_{RB}/R_B)$/μA	U_{RC}/V	$I_{CQ}=(U_{RC}/R_C)$/mA	U_{CEQ}/V
$\beta=100$	估算值					
	测量值					
$\beta=150$	估算值					
	测量值					

更换另一只β值不同的晶体管，保持原来电路的结构及阻值不变，重复上述步骤，把测试的数据也记入表1－4－1中。

2. 分压式偏置共发射极放大电路

把图1－4－1电路改接成图1－4－2所示的电路，用同样的两只晶体管，先用其直流通路估算出静态值，然后输入端短接，测出U_{BQ}、I_{CQ}和U_{CEQ}，把测得的数据记入表1－4－2中。

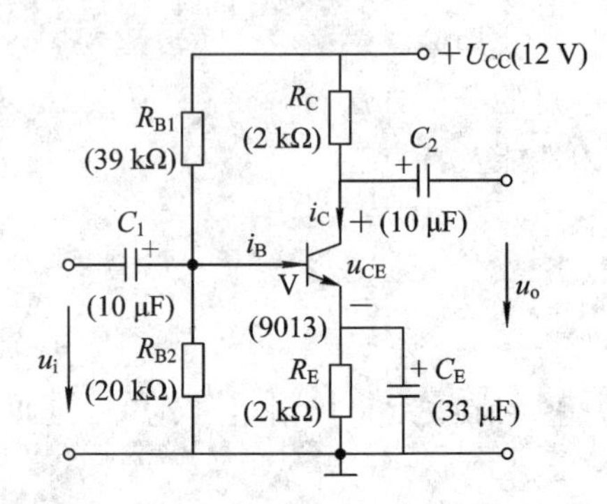

图1－4－2 分压式偏置共射极放大电路

表1－4－2 分压式偏置共发射极放大电路静态工作点测试

测量条件		U_{BQ}/V	U_{RC}/V	$I_{CQ}=(U_{RC}/R_C)$/mA	U_{CEQ}/V
估算值					
$\beta=100$	测量值				
$\beta=150$	测量值				

(三) 任务结论

根据测试与讨论的结果，写出实践研究报告(目的、原理及方法、数据测试、分析及总结)。

任务2 放大电路交流参数的测试方法

(一) 任务要求

了解放大电路交流参数的测试方法。

(二) 任务内容

将直流稳压电源调至12 V，按图1－4－3所示的电路图连接电路，将输入端短接，输出端开路，调节R_{p2}，使$R_{p2}=0$，调节R_{p1}，使$U_{CE}=4\sim6$ V($U_{CE}\approx U_{CC}/2$)，然后将信号发生器产生的频率为1 kHz，大小为10 mV的正弦交流信号接到输入端，用示波器观察输入、输出电压波形，若u_o不失真，说明静态工作点合适，若u_o失真，则说明静态工作点不合适，需重新调节R_{p1}，直到u_o失真消除。然后用毫伏表测量u_i、u_o、u_R，同时用示波器观察放大电路的输入、输出电压的波形，将测量结果记入表1－4－3中；之后连接负载电阻R_L，保持输入信号不变，再用毫伏表测量u_i、u_o、u_R，将测量结果也记入表1－4－3中。

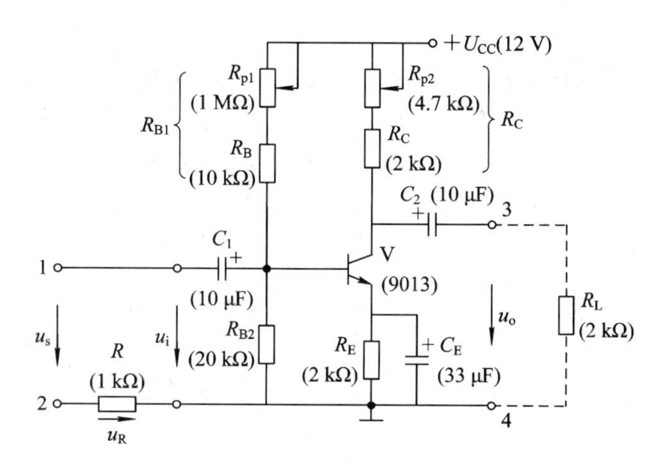

图 1-4-3　共射极单管放大电路

表 1-4-3　共发射极放大电路交流参数的测量

项目 条件	测量值/mV			波形		计算值		
	U_i	U_o	U_R	u_i	u_o	A_u	r_i	r_o
$R_L=\infty$								
$R_L=2$ kΩ								

（三）任务结论

根据测试与讨论的结果写出实践研究报告(目的、原理及方法、数据测试、分析及总结)。

任务 3　放大电路波形失真的产生原因及消除方法

（一）任务要求

了解放大电路失真产生的原因及消除方法。

（二）任务内容

1. 集电极电阻对放大电路的影响

图 1-4-3 的测试电路中，保持基极电阻 R_{B1} 和输入信号不变，调节 R_{p2}，使集电极电阻 R_C 逐渐增大，观察输出电压 u_o 波形的变化，当 R_{p2} 增到最大时，测量静态值 U_{CE} 和输出电压 u_o，记入表 1-4-4 中。

表 1-4-4　放大电路波形失真的测试

项目 条件	测量值		波形	计算值		
	U_{CE}/V	U_o/V	u_o	I_C/mA	I_B/μA	A_u
R_{B1} 不变，R_C 增大						
R_C 不变($R_C=2$ kΩ) R_{B1} 增大						
R_C 不变($R_C=2$ kΩ) R_{B1} 减小						

2. 基极偏置电阻对放大电路的影响

图 1-4-3 所示的测试电路中，保持输入信号不变，先调节 $R_{p2}=0$，即 $R_C=2\ k\Omega$，然后增大 R_{p1}，直到输出电压 u_o波形出现明显失真，测量静态值 U_{CE}和输出电压 u_o，记入表 1-4-4中；再逐渐减小 R_{p1}，失真逐渐消失，当 R_{p1}减小到一定程度时，u_o波形会再次出现明显失真，测量静态值 U_{CE}和输出电压 U_o，也记入表 1-4-4 中。

(三) 任务结论

根据测试与讨论的结果，写出实验研究报告(目的、原理及方法、数据测试、分析及总结)。

任务 4　射极输出器的分析研究

(一) 任务要求

通过测试了解射极输出器的特点。

(二)任务内容

1. 测试静态工作点

按图 1-4-4 所示连接电路，先估算出静态工作点，记入表 1-4-5 中，然后把输入端短路，输出端开路，用万用表测量 U_{BEQ}、U_{CEQ}、U_{REQ}，记入表 1-4-5 中，并计算出静态工作点，填在表中。

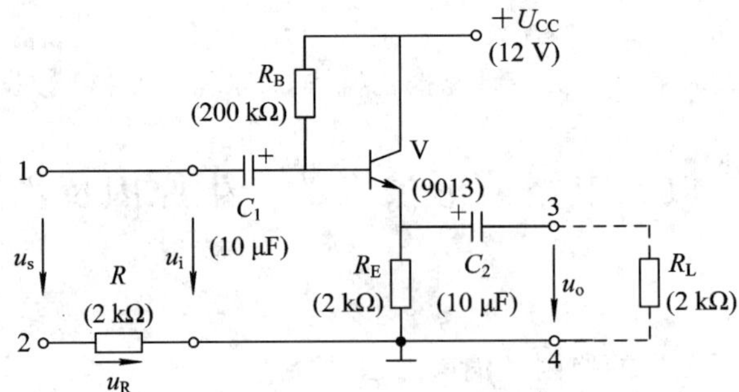

图 1-4-4　射极输出器

表 1-4-5　射极输出器静态工作点测量

	U_{BEQ}/V	U_{CEQ}/V	U_{REQ}/V	I_{EQ}/mA	I_{BQ}/μA	I_{CQ}/mA
理论估算值						
测量值						

2. 交流参数测量

测完静态工作点后，设置信号发生器输出为 1 kHz、50 mV 的正弦交流信号，测试电路的输入端接到信号发生器上，输出端接上示波器，用毫伏表测量 u_i、u_o、u_R，同时用示波器观察放大电路的输入、输出电压的波形，将测量结果记入表 1-4-6 中；然后连接负载电阻 R_L，保持输入信号不变，再用毫伏表测量 u_i、u_o、u_R，将测量结果也记入表 1-4-6中。

表 1-4-6　射极输出器交流参数测量

项目 条件	测量值/mV			波形		计算值		
	U_i	U_o	U_R	u_i	u_o	A_u	r_i	r_o
$R_L=\infty$								
$R_L=2\ k\Omega$								

（三）任务结论

根据测试与讨论的结果，写出实践研究报告（目的、原理及方法、数据测试、分析及总结）。

任务 5　场效应管放大电路的研究

（一）任务要求

了解场效应管放大电路的测试方法及电路特点。

（二）任务内容

场效应管是电压控制电流元件，栅—源之间的电阻可达 $10^7\sim10^{12}\ \Omega$，常作为高输入阻抗放大器的输入级，在组成放大电路时也有三种接法，即共源、共漏和共栅放大电路。

图 1-4-5(a)是采用 N 沟道耗尽型场效应管组成的共源自偏压放大电路，C_1、C_2为耦合电容器，R_D为漏极负载电阻，R_G为栅极通路电阻，R_S为源极电阻，C_S为源极电阻旁路电容。该电路靠漏极电阻上的电压为栅—源提供一个负的偏压，所以称为自偏压电路。由图可得：

$$U_{GSQ}=U_{GQ}-U_{SQ}=-I_{DQ}R_S$$

图 1-4-5(b)所示为分压式自偏压共源放大电路，靠分压电阻 R_{G1}、R_{G2}对电源 V_{DD}分压来设置偏压，所以称为分压式偏置电路，图中 R_{G3}可提高输入电阻。由图可得：

$$U_{GSQ}=U_{GQ}-U_{SQ}=\frac{R_{G2}}{R_{G1}+R_{G2}}V_{DD}-I_{DQ}R_S$$

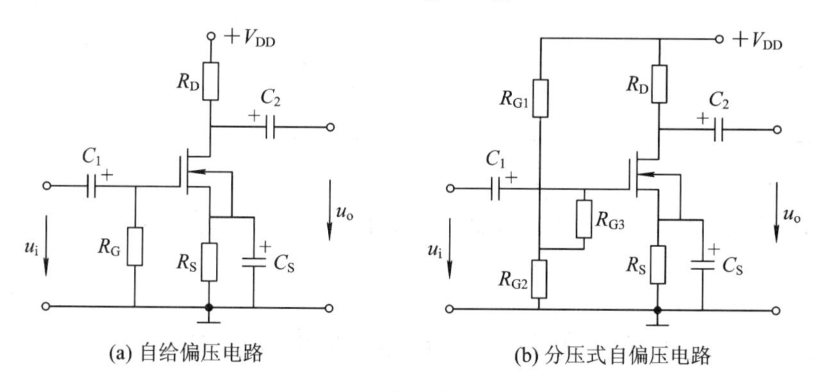

(a) 自给偏压电路　(b) 分压式自偏压电路

图 1-4-5　场效应管共源放大电路

1. 测试静态工作点

取一个 N 沟道耗尽型场效应管，按图 1-4-6 所示连接电路，接上直流电源，输入端短路，输出端开路，用万用表测出栅极、漏极和源极的电位，把测量的数据记入表 1-4-7 中，判断放大电路的直流工作状态是否正常。

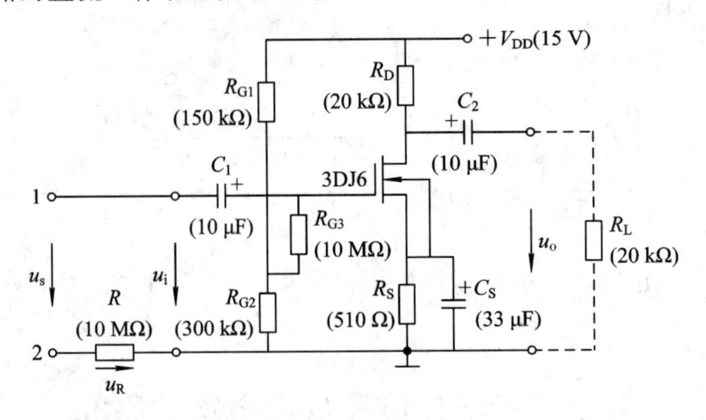

图 1-4-6　共源放大器测试电路

表 1-4-7　共源放大器静态工作点测量

测量值			计算值		
U_{GQ}/V	U_{SQ}/V	U_{DQ}/V	U_{GSQ}/V	U_{DSQ}/V	I_{DQ}/mA

2. 共源放大器交流参数测量

设置信号发生器输出为 1 kHz、100 mV 的正弦交流信号，然后把测试电路的输入端接到信号发生器上，输出端接上示波器，用毫伏表测量 u_i、u_o、u_R，同时用示波器观察放大电路的输入、输出电压的波形，将测量结果记入表 1-4-8 中；然后连接负载电阻 R_L，保持输入信号不变，再用毫伏表测量 u_i、u_o、u_R，将测量结果也记入表 1-4-8 中。

表 1-4-8　共源放大器交流参数测量

测试条件	测量数据			波形		计算数据		
R_L	U_R/mV	U_i/mV	U_o/mV	u_i	u_o	A_u	r_i/kΩ	r_o/kΩ
∞								
20 kΩ								

（三）任务结论

根据测试与讨论的结果，写出实践研究报告（目的、原理及方法、数据测试、分析及总结）。

任务 6　差动放大电路特性的分析研究

（一）任务要求

了解差动放大电路的性能特点。

(二)任务内容

按图 1-4-7 所示连接电路,在两输入端加上 2 V 的直流电压信号,调节两个 10 kΩ 的电位器,使 u_o为 0 V;然后在两输入端加上直流共模信号,从 0.1 V 开始,不断增加电压值,测出相应的 u_{o1}、u_{o2}、u_o;再在输入端加上直流差模电压,从 0.1 V 开始,不断增加电压值,测出相应的 u_{o1}、u_{o2}、u_o;最后将输入信号改为 1 kHz、0.1 V 的正弦交流信号,测出相应的 u_{o1}、u_{o2}、u_o。把上述测量结果都记入表 1-4-9 中。

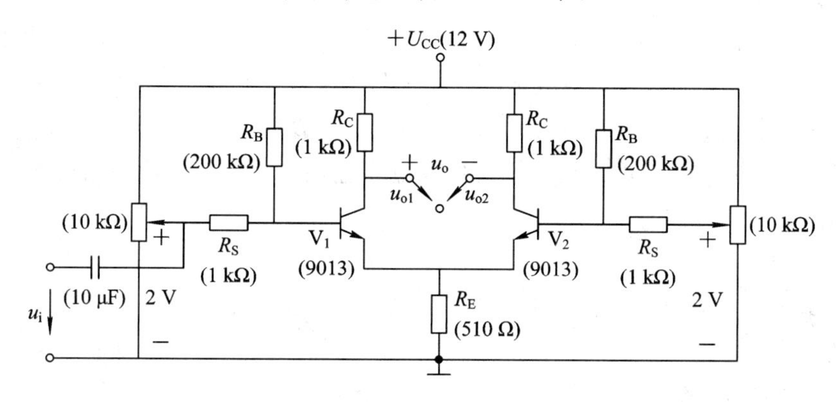

图 1-4-7　差动放大电路

表 1-4-9　差动放大电路的特性研究

信号大小	共模直流信号				差模直流信号			
	测量值			计算值	测量值			计算值
	U_{o1}/V	U_{o2}/V	U_o/V	$U_{o1}-U_{o2}$/V	U_{o1}/V	U_{o2}/V	U_o/V	$U_{o1}-U_{o2}$/V
0.1								
0.2								
0.3								
0.4								
0.5								
正弦	1 kHz、0.1 V							

(三)任务结论

根据测试与讨论的结果,写出实践研究报告(目的、原理及方法、数据测试、分析及总结)。

【模块理论指导】

1. 模块基本要求

掌握　三极管电路直流工作状态近似估算方法及放大、饱和、截止状态的判断；三极管的微变等效电路及三极管电路的交流分析方法；三极管放大电路静态工作点的设置，直流和动态分析方法；共发射极放大电路静态工作点及性能指标的估算，差分放大电路的组成及基本工作原理。

理解　放大电路的功能、组成及主要性能指标；共集、共基、场效应管放大电路的组成、工作原理及主要特点；差分放大电路的差模特性及对共模信号的抑制作用。

了解　三极管电路图解分析方法；共集、共基、场效应管放大电路的增益、输入电阻、输出电阻的估算；差分放大电路的传输特性及输入输出方式，电流源电路的组成、工作原理及应用。

2. 模块重点和难点

重点　基本放大电路的工作原理及分析方法；图解法及微变等效电路法分析放大电路的动态参数；放大电路参数的测试；非线性失真产生的原因及消除方法；射极输出器的特点及应用；简单场效应管电路的分析；差动放大电路的性能及特点。

难点　基本放大电路的静态工作点的分析与测试；非线性失真消除方法；射极输出器和场效应管电路的理论分析；差动放大电路的理论分析。

3. 模块知识点

1）三极管电路的基本分析方法

（1）三极管电路直流分析和交流分析。

在三极管电路中，只研究直流电源作用下电路中各直流量的大小称为直流分析（或称为静态分析），由此确定的各极直流电压和电流称为静态工作点参数。

当外电路接入交流信号后，为了确定叠加在静态工作点上的各交流量而进行的分析，称为交流分析或动态分析。当外接交流信号足够小时，通常采用小信号电路模型进行分析。

（2）三极管电路小信号等效电路分析。

① 三极管小信号电路模型。当输入交流信号很小时，三极管的动态工作点可认为在静态工作点附近线性范围内变动，这时三极管各交流电压、电流的关系近似为线性关系，因此可以把三极管的特性线性化，将三极管用小信号电路模型来等效，故使电路的分析大为简化。

晶体三极管的 H 参数简化小信号电路模型如图 1－4－8 所示。图中，r_{be}称为晶体管的输入电阻，在常温下可近似为

$$r_{be}=r_{bb}+(1+\beta)\frac{26\ \text{mV}}{I_{EQ}\text{mA}}$$

其中，r_{bb}为晶体管的基区体电阻，对于小功率低频管约为 200 Ω。

βi_b为电流控制的受控电流源，它的大小和方向均由 i_b决定。

不管场效应管类型如何，其小信号电路模型均如图 1－4－9 所示。由于场效应管的输入电阻

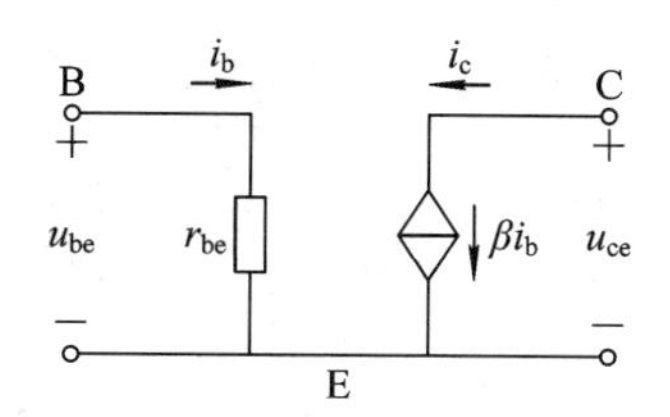

图 1-4-8　晶体三极管 H 参数简化小信号电路模型

r_{gs}很大，因此可把它视为开路，$g_m u_{gs}$为受电压控制的受控电流源，其大小和方向均由u_{gs}决定。

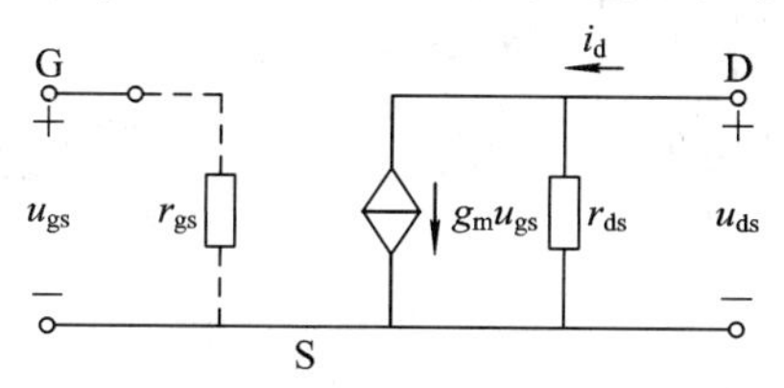

图 1-4-9　场效应管小信号电路模型

② 三极管电路交流分析的步骤。

第一步，画出三极管电路的直流通路，求静态工作点及三极管交流参数；

第二步，画出三极管电路的交流通路(将耦合电容、旁路电容作短路，直流电压对地短接，便可获得三极管电路的交流通路)；

第三步，用三极管小信号电路模型取代交流通路中的三极管，便可得到三极管电路的小信号交流等效电路；

第四步，用解线性电路的方法求解电路，从而可得各极交流电流和电压。

2) 放大电路的基本知识

(1) 放大电路的组成。用来对电信号进行放大的电路称为放大电路。放大电路中除有源器件外，还应有提供放大电路正常工作所需直流工作点的偏置电路以及信号源与放大电路、放大电路与负载、级与级之间的耦合电路等。

(2) 放大电路的主要性能指标。放大电路的性能指标主要有放大倍数、输入电阻和输出电阻等。放大倍数是衡量放大能力的指标，输入电阻是衡量放大电路对信号源影响的指标，输出电阻则是反映放大电路带负载能力的指标。

3) 三种基本组态放大电路

(1) 三极管三种组态电路。

三极管放大电路根据输入、输出信号公共端子的不同，有三种基本组态电路，分别称为共发射极电路、共集电极电路、共基极电路。同样，场效应管也可分别构成共源、共漏和共栅三种基本组态电路。

(2) 放大电路的直流偏置方式。

小信号放大电路中必须设置合适的静态工作点并要保持其稳定，实际电路中可根据不同的器件及要求采用不同的偏置方式。在双极型三极管电路中，偏置电路形式主要有固定偏置、分压式电流负反馈偏置和电压负反馈偏置，而集成电路广泛采用电流源偏置电路，场效应管电路常采用自偏压和分压式自偏压电路。双极型三极管电路主要偏置电路及静态工作点估算方法如表 1-4-10 所示。

表 1－4－10 双极型三极管放大电路常用偏置电路

电路形式	固定偏置电路	分压式电流负反馈偏置电路	电流负反馈偏置电路	电压负反馈偏置电路
偏置电路图	$+V_{CC}$ R_B R_C I_{CQ} I_{BQ} + U_{CEQ} − + U_{BEQ} −	$+V_{CC}$ R_{B1} R_C I_{CQ} I_{BQ} + I_1 U_{CEQ} + U_{BEQ} − R_{B2} U_{BQ} − R_E	$+V_{CC}$ R_B R_C I_{CQ} I_{BQ} + U_{CEQ} + U_{BEQ} − − I_{EQ}	$+V_{CC}$ R_C I_{CQ} R_B I_{BQ} + U_{CEQ} − + U_{BEQ} −
静态工作点估算公式	$V_{CC}=I_{BQ}R_B+U_{BEQ}$ $I_{BQ}=\dfrac{V_{CC}-U_{BEQ}}{R_B}$ $I_{CQ}=\beta I_{BQ}$ $U_{CEQ}=V_{CC}-I_{CQ}R_C$	$U_{BQ}=\dfrac{V_{CC}R_{B2}}{R_{B1}+R_{B2}}$ $I_{CQ}\approx I_{EQ}=\dfrac{U_{BQ}-U_{BEQ}}{R_E}$ $I_{BQ}=\dfrac{I_{CQ}}{\beta}$ $U_{CEQ}=V_{CC}-I_{CQ}$ $\cdot(R_C+R_E)$	$V_{CC}=I_{BQ}R_B+U_{BEQ}$ $+I_{EQ}R_E$ $I_{BQ}=\dfrac{V_{CC}-U_{BEQ}}{R_B+(1+\beta)R_E}$ $I_{CQ}=\beta I_{BQ}$ $U_{CEQ}=V_{CC}-I_{CQ}$ $\cdot(R_C+R_E)$	$V_{CC}=(I_{CQ}+I_{BQ})R_C$ $+I_{BQ}R_B+U_{BEQ}$ $I_{BQ}=\dfrac{V_{CC}-U_{BEQ}}{R_B+(1+\beta)R_C}$ $I_{CQ}=\beta I_{BQ}$ $U_{CEQ}=V_{CC}-I_{EQ}R_C$
特点	基极偏置电流固定，电路简单，温度稳定性差	具有电流负反馈，$I_1\geqslant(5\sim10)I_{BQ}$，$U_{BQ}\geqslant(5\sim10)U_{BEQ}$，$I_{CQ}$受温度和管子参数影响很小，工作点稳定，元件少	具有电流负反馈，工作点稳定性较好	具有电压负反馈，工作点稳定性较好，元件少

（3）性能指标分析。

放大电路性能指标分析主要采用小信号电路模型，对电路的增益、输入电阻、输出电阻进行定量计算。三种基本组态电路性能分析如表 1－4－11 所示。

表 1－4－11 三种基本组态电路的主要性质

电路名称	共发射极电路	共集电极电路	共基极电路
电路图	V_{CC} R_{B1} R_C C_2 C_1 + u_i R_{B2} R_E C_E R_L u_o − + −	V_{CC} R_{B1} C_1 R_S + u_i u_s − R_{B2} C_2 R_E R_L u_o + −	V_{CC} R_C C_1 + R_{B1} C_2 u_i R_E R_{B2} C_B R_L u_o + − −

续表

电路名称	共发射极电路	共集电极电路	共基极电路
交流通路	+ u_i − R_{B1} R_{B2} R_C R_L + u_o −	R_S + u_s − + u_i − R_{B1} R_{B2} R_E R_L + u_o −	+ u_i − R_E R_C R_L + u_o −
小信号等效电路	i_i i_b B C + u_i − R_{B1} R_{B2} r_{be} E βi_b R_C R_L + u_o −	i_i B C + R_S + u_s − u_i − R_{B1} R_{B2} r_{be} βi_b E R_E R_L + u_o −	i_i E βi_b C + u_i − R_E r_{be} i_b B R_C R_L + u_o −
主要性能	$A_u=\frac{u_o}{u_i}=-\frac{\beta(R_C//R_L)}{r_{be}}$ $R_i=R_{B1}//R_{B2}//r_{be}$ $R_o\approx R_C$	$A_u=\frac{u_o}{u_i}=$ $\frac{(1+\beta)(R_E//R_L)}{r_{be}+(1+\beta)(R_E//R_L)}\approx1$ $R_i=R_B//$ $[r_{be}+(1+\beta)(R_E//R_L)]$ $R_o=\frac{(R_S//R_B)+r_{be}}{1+\beta}//R_E$	$A_u=\frac{u_o}{u_i}=\frac{\beta(R_C//R_L)}{r_{be}}$ $R_i=R_E//\frac{r_{be}}{1+\beta}$ $R_o\approx R_C$
主要特点及用途	u_o与u_i反相，A_u大；R_i、R_o大小适中；用于多级放大电路的中间级	u_o与u_i同相，$A_u\approx1$；R_i大、R_o小；用于多级放大电路的输入级、输出级或作缓冲级	u_o与u_i同相，A_u大；R_i小、R_o大；用于高频、宽带放大电路中

4）差分放大电路

差分放大电路具有两个输入端和两个输出端，其输出电压与两个输入电压之差成正比，即

$$u_{od}=A_{ud}(u_{i1}-u_{i2})$$

式中，u_{od}称为差模输出电压，A_{ud}称为差模电压增益，可见

$$A_{ud}=\frac{u_{od}}{u_{i1}-u_{i2}}=\frac{u_{od}}{u_{id}}$$

式中，u_{id}称总差模输入电压。当u_{i1}与u_{i2}大小相等、极性相反时，称为差模输入信号。当u_{i1}与u_{i2}大小相等、极性相同时，则称为共模输入信号，此时差分放大电路只有很小的共模电压u_{oc}输出(理想情况下，$u_{oc}=0$)，因此差分电路的共模电压增益为

$$A_{uc}=\frac{u_{oc}}{u_{i1}(u_{i2})}=\frac{u_{oc}}{u_{ic}}\to0$$

因此，差分电路可以抑制温度变化、电源电压波动、外界干扰等具有共模特征的信号引起的输出误差电压。

差模电压放大倍数 A_{ud} 与共模电压放大倍数 A_{uc} 之比的绝对值，称为共模抑制比 K_{CMR}，即

$$K_{CMR}=\left|\frac{A_{ud}}{A_{uc}}\right| \quad 或 \quad K_{CMR}(dB)=20\ \lg\left|\frac{A_{ud}}{A_{uc}}\right|$$

式中，K_{CMR} 表征差分电路对差模信号的放大作用和对共模信号的抑制作用，其值越大，电路抑制共模信号的能力越强，电路性能就越好。

【归纳与总结】

学生在任务总结的基础上，写出对模块 4 中知识总的认识和体会。

模块5　两级放大电路组装与测试

学习内容：

(1) 多级电路的耦合方式。

(2) 多级放大电路的性能指标。

学习问题：

(1) 多级放大电路有哪几种耦合方式？各有什么特点？

(2) 放大电路中产生零点漂移的主要原因是什么？抑制零点漂移的方法有哪些？

(3) 多级放大电路的增益与各级增益有何关系？

(4) 多级放大电路的通频带与单级放大电路的通频带有何关系？如果通频带过窄，对传输的信号质量有何影响？

(5) 如何计算多级放大电路的输入电阻和输出电阻？

学习要求：

(1) 了解多级放大电路的性能指标。

(2) 学会多级电路的设计、装接、调试及分析方法。

【模块任务】

任务1　两级放大电路的组装

(一) 任务要求

练习多级放大电路的组装及静态工作点的调试方法。

(二) 任务内容

图1-5-1为两级阻容耦合放大电路，按图连接电路，接通电源，输入端短接，调节放大电路使每一级都处于正常的放大状态，即 $U_{CE} \approx U_{CC}/2$。

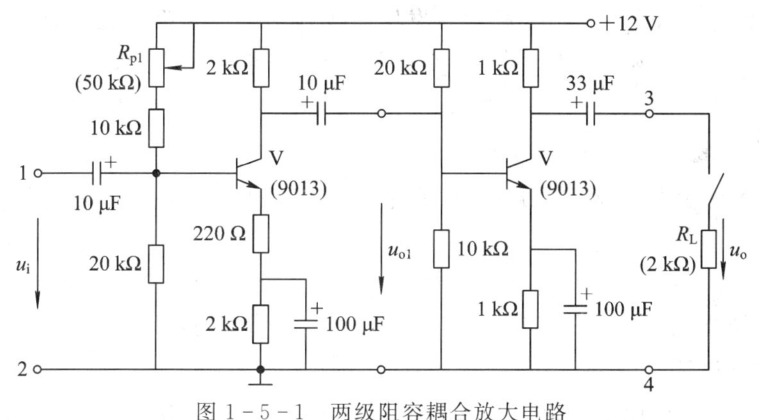

图1-5-1　两级阻容耦合放大电路

(三) 任务结论

根据测试与讨论的结果，写出实践研究报告(目的、原理及方法、数据测试、分析及总结)。

任务2 两级放大电路的电压放大倍数及通频带的测试

(一) 任务要求

通过测试了解多级放大电路性能指标的特点。

(二) 任务内容

调节信号发生器输出为1 kHz的正弦信号，测试电路的输入端接到信号发生器上，用双踪示波器同时观察放大电路第一级输入(u_i)与第二级输出(u_o)，保持信号频率不变，调节其大小，使输出电压波形达到最大不失真状态，这时用毫伏表分别测出第一级的输入电压 u_i、第一级的输出电压 u_{o1}(即第二级的输入电压 u_{i2})和输出端的负载电压 u_o(即第二级的输出电压 u_{o2})。把测量结果记入表1-5-1中。

表1-5-1 阻容耦合放大电路的分析测试

	测量值			计算值			测量值		计算值
级数	U_i/mV	U_{o1}/V	U_o/V	A_{u1}	A_{u2}	A_u	f_L/Hz	f_H/Hz	BW/Hz
两级									
第一级									
第二级									

记住输出电压的大小，在保持输入电压大小不变的基础上，调节信号源的频率大小，逐渐减小信号源的频率，在经历一段输出电压不变后，随着频率的减小输出电压开始减小，当输出电压减小到原来的 $1/\sqrt{2}$时，此时信号源的频率即为放大电路的下限频率 f_L，记入表1-5-1中；然后逐渐增大信号源的频率，开始时输出逐渐增大，在经历一段输出电压不变后，随着频率的增大输出电压又开始减小，当输出电压又减小到原来的 $1/\sqrt{2}$时，此时信号源的频率即为上限频率 f_H，记入表1-5-1中。

保持输入信号大小不变，分别把信号发生器接到第一级和第二级的输入端，用同样的方法分别测出第一级和第二级的下限频率 f_L和上限频率 f_H，记入表1-5-1中，计算出通频带。

(三) 任务结论

根据测试与讨论的结果，写出实践研究报告(目的、原理及方法、数据测试、分析及总结)。

【模块理论指导】

1. 模块基本要求

掌握　多级放大电路的耦合方式及多级放大电路的分析方法；放大电路调整测试的基

本方法。

理解　描述多级放大电路的性能指标。

2. 模块重点和难点

重点　两级放大电路的分析和计算。

难点　电路的分析及排除故障能力。

3. 模块知识点

1）多级放大电路

多级放大电路级与级之间的连接方式有直接耦合和电容耦合等。电容耦合可隔断级间的直流通路，各级静态工作点彼此独立使得零点漂移小，但它只能用于交流信号的放大；直接耦合可放大直流信号，也能放大交流信号，适于集成化，但直接耦合存在各级静态工作点相互影响和零点漂移比较大等缺点。

多级放大电路的放大倍数等于各级放大倍数的乘积，但在计算每一级放大倍数时，需考虑前后级之间的影响。多级放大电路的输入电阻等于第一级的输入电阻，但必须考虑后级的影响；输出电阻等于本级的输出电阻。

2）放大电路的调整与测试

放大电路的调整与测试主要是进行静态调试和动态调试。

静态调试一般采用万用表直流电压挡测量放大电路的直流工作点。

静态调试的任务是检查实验电路静态工作点是否符合要求，同时也可发现电路中隐蔽的故障，只有电路安装正确，才能测得符合要求的静态工作点值。所以静态工作点的测量和调试很重要。工作点测量时应注意测量用直流电压表内阻对测量结果的影响，由于电压表内阻的分流，测量结果均比实际值偏小。

动态调试的目的是使放大电路的增益、输入输出电阻、输出电压的动态范围、失真、输出功率、频率特性等性能指标达到要求。

动态调试中应注意以下几点：

（1）熟悉测试仪器的使用方法及注意事项，以免仪器使用不当而造成测量结果误差；

（2）测量仪器的地线与被测电路的地线应连在一起，并形成系统的参考地电位，平衡输出不能用不平衡仪表测量；

（3）接线应用屏蔽线，屏蔽线的外屏蔽层必须接到系统的地线上。

【归纳与总结】

学生在任务总结的基础上，写出对模块 5 中知识总的认识和体会。

模块6　集成运放及负反馈

学习内容：

(1) 集成运放的组成、符号及理想化条件。

(2) 运放的分析方法；反馈的概念。

(3) 反馈放大电路的组成。

(4) 负反馈的基本组态及判断方法。

(5) 验证负反馈对放大电路性能的影响。

学习问题：

(1) 理想运放的条件是什么？

(2) 何谓“虚短”和“虚断”？

(3) 什么是正反馈和负反馈？如何判断？

(4) 什么是直流反馈和交流反馈？如何判断？对放大电路各有什么作用？

(5) 什么是串联负反馈和并联负反馈？如何判断？

(6) 什么是电压负反馈和电流负反馈？如何判断？它们对放大电路输出电压和输出电流的稳定性各有什么影响？

(7) 负反馈对放大电路的性能有何影响？

(8) 深度负反馈放大电路的特点是什么？

(9) 负反馈放大电路有哪几种类型？能否根据接负反馈前后输入、输出电阻的大小变化情况来确定负反馈的类型？如果要提高输入电阻、稳定输出电流，应该采用什么类型的负反馈？

(10) 本模块的测试电路引入的是哪种组态的负反馈？如果把反馈电阻 R_f 短路，此时负反馈放大电路的工作是否正常？电路的电压放大倍数有什么变化？由此说明反馈电阻的大小对电路性能的影响。

学习要求：

(1) 掌握运放的符号及理想化条件。

(2) 理解运放的“虚短”和“虚断”的含义。

(3) 了解反馈的概念。

(4) 会判断负反馈的组态。

【模块任务】

任务　测试负反馈对放大电路性能的影响

(一) 任务要求

了解负反馈对放大电路性能的影响。

(二) 任务内容

按图 1-6-1 所示连接电路，输入端短接，负载开路(即 S_1 断开)，断开反馈支路(即 S_2 断开)，把放大电路调节到合适静态工作点($U_{CE} \approx U_{CC}/2$)，然后输入频率为 1 kHz 的正弦信号，调节输入电压的大小，观察输入、输出电压波形，使输出电压达到最大不失真状态，这时用毫伏表测量 u_i、u_o、u_R，记入表 1-6-1 中；闭合 S_2，连接负载电阻 R_L 后，在输入信号(u_s)电压不变的条件下，再观察输入、输出电压波形，并用毫伏表测量 u_o，也记入表 1-6-1中。

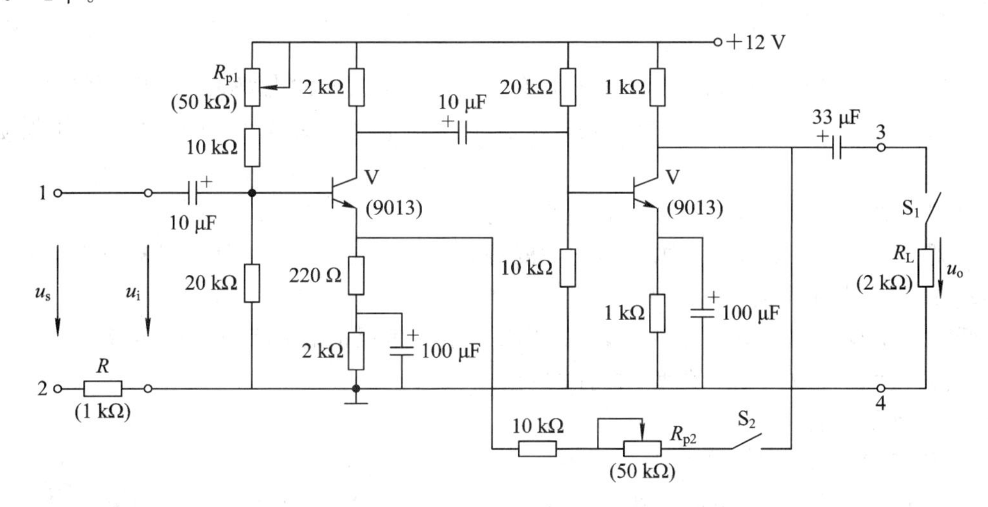

图 1-6-1　负反馈放大电路性能的测试

记住输出电压的大小，在保持输入电压大小不变的基础上，逐渐降低信号源的频率，当输出电压减小至原来的 $1/\sqrt{2}$时，信号源的频率为下限频率 f_L，把结果记入表 1-6-1 中；再逐渐增大信号源的频率，输出逐渐增大，在经历一段输出电压不变后，随着频率的增大输出电压又开始减小，当输出电压减小到原来的 $1/\sqrt{2}$时，此时的信号源的频率即为上限频率 f_H，把结果也记入表 1-6-1 中。

表 1-6-1　负反馈放大电路性能测试

条件		测量值			计算值			测量值		计算值
		U_i/ mV	U_o/V	U_R/V	A_u	r_i/kΩ	r_o/kΩ	f_L/Hz	f_H/Hz	BW/Hz
无反馈	$R_L=2$ kΩ									
	$R_L=\infty$									
有反馈	$R_L=2$ kΩ									
	$R_L=\infty$									

将信号源的频率再调到 1 kHz，保持输入信号大小不变，断开 S_1，闭合 S_2，即接通反馈支路，观察输入、输出电压波形，用毫伏表测量 u_i、u_o、u_R；闭合 S_1，连接负载电阻 R_L 后，在输入信号保持不变的条件下，再观察示波器的波形，并用毫伏表测量 u_o，同样把测量的数值记入表 1-6-1 中。

记住输出电压的大小，保持输入信号大小不变，用前面所讲的方法测出放大电路带上反馈后的下限频率 f_L和上限频率 f_H，记入表 1－6－1 中。

（三）任务结论

根据测试与讨论的结果，写出实践研究报告（目的、原理及方法、数据测试、分析及总结）。

【模块理论指导】

1. 模块基本要求

掌握　反馈电路的组成，了解其基本关系式；负反馈放大电路类型、极性的判别；引入负反馈对放大电路性能指标的影响；深度负反馈放大电路的特点及闭环电压增益的估算。

理解　负反馈对放大电路性能的影响。

了解　不同类型负反馈放大电路的性能特点；放大电路中引入负反馈的一般原则。

2. 模块重点和难点

重点　负反馈放大电路类型、极性的判别；引入负反馈对放大电路性能指标的影响。

难点　负反馈放大电路类型、极性的判别。

3. 模块知识点

1）负反馈放大电路的组成及基本类型

（1）反馈放大电路的组成及基本关系式。反馈放大电路由基本放大电路和反馈网络组成。基本放大电路输入端与反馈网络输出端构成输入端比较环节，基本放大电路输出端与反馈网络的输入端构成反馈放大电路输出端取样环节。

（2）负反馈放大电路的基本类型。负反馈放大电路有四种基本类型：电压反馈、电流反馈、串联反馈和并联反馈。在负反馈放大电路输出端，若反馈网络与基本放大电路、负载 R_L 并联连接，反馈信号取样于输出电压，则称为电压反馈；若反馈网络与基本放大电路、负载 R_L 串联连接，反馈信号取样于输出电流，则称为电流反馈。

在负反馈放大电路输入端，若反馈网络与信号源、基本放大电路串联连接，则称为串联反馈，反馈信号为电压 u_f，比较式为 $u_{id}=u_i-u_f$；若反馈网络与信号源、基本放大电路并联连接，则称为并联反馈，反馈信号为电流 i_f，比较式为 $i_{id}=i_i-i_f$。

（3）负反馈放大电路分析。负反馈放大电路分析步骤如下：

先判断电路中有无反馈。若放大电路输出回路与输入回路之间存在起联系作用的反馈元件（或网络），则电路中存在反馈。

判断反馈电路类型，标出反馈信号 i_f或 u_f。根据反馈网络的接入方法判断输入、输出端反馈类型，然后根据输入端反馈类型标出反馈信号。若是串联反馈应标出电压 u_f，若是并联反馈则应标出 i_f。

判断反馈正、负极性。采用瞬时极性法加以判断。对于串联反馈，应确定反馈电压 u_f与输入电压 u_i的相位关系。若满足 $u_{id}=u_i-u_f$，则为负反馈；若满足 $u_{id}=u_i+u_f$，则为正反馈。对于并联反馈，应确定反馈电流 i_f与输入电流 i_i的相位关系。若满足 $i_{id}=i_i-i_f$，则为负反馈；若满足 $i_{id}=i_i+i_f$，则为正反馈。

2）负反馈对放大电路性能的影响

（1）改善放大电路的性能。负反馈虽然降低了放大电路的增益，但可使放大电路很多方面的性能得到改善，例如提高了增益的稳定性，减小了放大电路引起的非线性失真，扩展了通频带等。

负反馈对放大电路性能的改善与反馈深度$(1+AF)$的大小有关，其值越大，性能改善越显著。但过深的负反馈可能引起放大器工作不稳定。

（2）改变放大电路的输入和输出电阻。放大电路加入负反馈后，其输入和输出电阻将会发生变化，变化的情况与反馈类型有关，变化的大小也与反馈深度$(1+AF)$有关，其值越大，阻抗变化值也就越大。

电压负反馈减小输出电阻，稳定输出电压，提高了负载能力；电流负反馈增大输出电阻，稳定输出电流。串联负反馈增大输入电阻，并联负反馈减小输入电阻。

3）负反馈放大电路应用中的几个问题

（1）放大电路中引入负反馈的一般原则。通常根据欲稳定的量、对输入输出电阻的要求以及信号源和负载情况确定反馈类型。

（2）深度负反馈放大电路的特点及性能估算。负反馈放大电路中，$(1+AF)\gg 1$称为深度负反馈。深度负反馈放大电路有以下特点：

① 输入信号x_i等于反馈信号x_f，净输入$x_{id}\approx 0$，对于串联反馈有$u_i\approx u_f$，$u_{id}\approx 0$；对于并联反馈有$i_i\approx i_f$，$i_{id}\approx 0$。

② 串联反馈输入电阻R_{if}很大，可认为$R_{if}\to\infty$；并联反馈输入电阻R_{if}很小，可认为$R_{if}\to 0$。

③ 电压反馈输出电阻R_{of}很小，可认为$R_{of}\to 0$；电流反馈输出电阻R_{of}很大，可认为$R_{of}\to\infty$。

（3）负反馈的放大电路的稳定性。负反馈放大电路中，特别在深度负反馈的条件下，电路很容易形成正反馈，甚至产生自激振荡，使放大电路工作不稳定，所以在实用电路中均采用适当的措施（如在电路中接入相位补偿网络、电源去耦合电路等），避免和消除自激振荡，以提高电路工作的稳定性。

【归纳与总结】

学生在任务总结的基础上，写出对模块6中知识总的认识和体会。

模块7　集成运算放大器的应用

学习内容：

（1）反相比例运算。

（2）同相比例运算。

（3）加法运算。

（4）减法运算。

（5）微分和积分运算。

学习问题：

（1）集成运算放大器能否放大直流信号？为什么？

（2）集成运放若要构成运算电路，为什么要引入负反馈？

（3）信号从同相输入端和反相输入端输入时，电路的输出电压与输入电压相位上有什么关系？

（4）图1-7-3所示的测试电路分别构成了什么运算电路？理论分析在各种输入条件下，电路的输出电压与输入电压之间有何关系？

（5）如果集成运放构成的电路中不加负反馈网络，则集成运算放大器工作在什么状态？此时电路有何用途？

学习要求：

（1）掌握运算电路的分析方法。

（2）会设计简单的运算电路。

【模块任务】

任务1　集成运算放大器的性能测试

（一）任务要求

了解集成运放的外形及性能。

（二）任务内容

1. 集成运放外形及管脚排列

认真观察集成运算放大器的外形（如图1-7-1所示），正确区分第1脚至第8脚，了解各管脚的功能及用途。

(a) 双列直插式

(b) 圆壳式

(c) 扁平式

图1-7-1　集成运放的外形

2. 集成运放性能测试

按图 1－7－2 所示连接电路，给集成运算放大器接上正/负直流电源，在运放的 2、3 脚加上 0.1 V 共模直流信号，并逐渐增大所加的电压，测出不同的共模信号电压输入时运放的输出电压，把测试结果记入表 1－7－1 中；然后在 2、3 脚之间加上差模直流电压 U_{32}，应尽可能从小的电压加起，逐渐增大输入电压，直至输出电压不变为止，把输入电压的正负极对换，重复上述测试，把测试的结果也记入表1－7－1中。

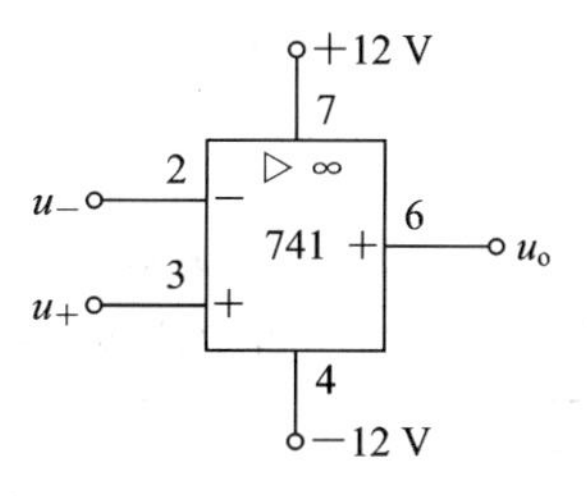

图 1－7－2　集成运放性能测试

表 1－7－1　集成运放性能测试

共模信号/V	0.1	0.2	0.3	0.4	0.5	0.6
u_o						
差模信号 U_{32}/mV	0.5	2	5	10	15	20
u_o/V						
差模信号 U_{32}/mV	−0.5	−2	−5	−10	−15	−20
u_o/V						

(三) 任务结论

根据测试与讨论的结果，写出实践研究报告(目的、原理及方法、数据测试、分析及总结)。

任务 2　集成运放的线性应用研究

(一) 任务要求

了解集成运放的线性应用。

(二) 任务步骤

1. 同相比例运算

按图 1－7－3(a)所示连接电路，调节 R_p，在输入端加上表 1－7－2 中所示的直流信号电压，测出相应的输出电压，记入表 1－7－2 中；再将输入信号改为 1 kHz、0.3 V 的正弦信号，用毫伏表测出输出电压，用示波器同时观察 u_i、u_o波形，也记入表 1－7－2 中。

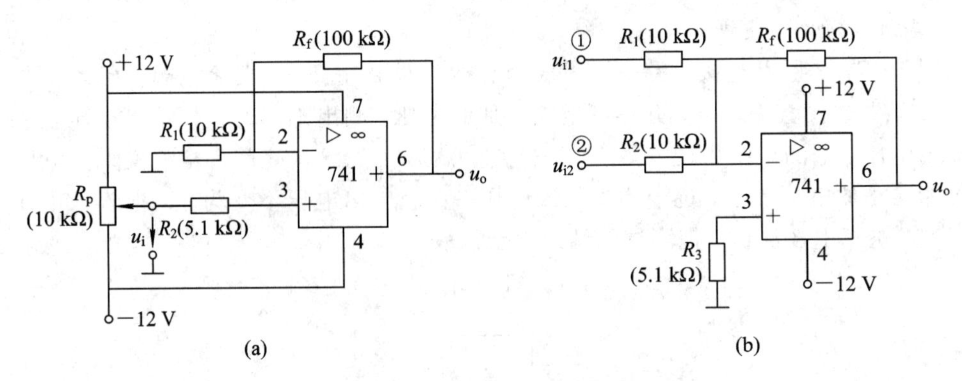

图 1-7-3　集成运放的线性应用

表 1-7-2　同相比例特性

u_i/V	直流信号				正弦信号(1 kHz)		
	0.5	1	−0.5	−1	0.3	u_i 波形	u_o 波形
u_o							

2. 反相比例和反相加法运算

按图 1-7-3(b)所示连接电路，②端接地，在①端加上直流信号电压，输入电压值如表 1-7-3 所示，测出相应的输出电压，记入表 1-7-3 中；再将①端输入信号改为1 kHz、0.3 V 的正弦信号，用毫伏表测出输出电压，用示波器同时观察 u_i、u_o波形，也记入表 1-7-3中。

然后把①端接地，在②端加上直流信号电压，输入电压值如表 1-7-3 所示，测出相应的输出电压，记入表 1-7-3 中。

最后在①和②端同时加上直流信号电压，测出不同的信号电压输入时(测试点和前面相同)运放的输出电压，把测试结果也记入表 1-7-3 中。

表 1-7-3　反相特性

①端输入/V	直流信号				正弦信号(1 kHz)		
	0.2	0.6	−0.2	−0.6	0.3	u_i 波形	u_o 波形
u_{o1}/V							
②端输入 /V	0.2	0.6	−0.2	−0.6			
u_{o2}/V							
$u_{o1}+u_{o2}$/V							
①、②端同时输入/V	0.2	0.6	−0.2	−0.6			
u_o/V							

(三) 任务结论

根据测试与讨论的结果，写出实践研究报告(目的、原理及方法、数据测试、分析及总结)。

任务3 运算电路的设计

(一) 任务要求

会设计简单的运算电路。

(二) 任务步骤

设计一运算电路，要求实现的运算关系为 $u_o = 3u_{i2} - u_{i1}$，并计算各电阻的阻值，取反馈电阻为 20 kΩ，画出原理图，并用测试电路来验证。

(三) 任务结论

根据测试与讨论的结果，写出实践研究报告(目的、原理及方法、数据测试、分析及总结)。

【模块理论指导】

1. 模块基本要求

掌握　集成运算放大器的组成及理想化条件；运放的分析方法；集成运放线性应用电路的分析。

理解　基本运算电路的组成及其特点。

了解　集成运算放大器使用基本知识，集成运放基本应用电路的调测方法。

2. 模块重点和难点

重点　集成运放的线性应用电路的分析。

难点　集成运放的线性应用电路的分析。

3. 模块知识点

1) 通用型集成运算放大器的组成及其基本特性

集成运放实际上是一个高增益的直接耦合多级放大电路，它一般由输入级、中间级、输出级和偏置电路等组成。其输入级常采用差分电路，故有两个输入端；输出级采用互补对称放大电路，偏置电路采用电流源电路。

目前使用的集成运放其开环差模电压增益可达 80～100 dB，差模输入电阻很高，输出电阻很小，因而可将集成运放特性理想化，即认为 $A_{ud} \to \infty$、$R_{id} \to \infty$、$R_o \to 0$、$K_{CMR} \to \infty$ 等。根据理想化条件可得集成运放线性工作时，两输入端电压、电流存在如下关系：

- $u_n \approx u_p$，两输入端称为“虚短”；
- $i_n \approx i_p \approx 0$，两输入端称为“虚断”。

2) 基本运算电路

(1) 运算电路的组成及分析方法。

运算电路由集成运算放大器、反馈电路、辅助电路等组成，是一种用以实现模拟量运算的电路。为了保证运算精度，要求集成运放具有理想特性，即要求其 $A_{ud} \to \infty$、$R_{id} \to \infty$、$R_o \to 0$、$K_{CMR} \to \infty$ 等。

必须注意，运算电路中不管实现何种运算关系，反馈电路一端必须接到集成运放的反相输入端，以构成负反馈并保证运放工作在线性状态。

可见，运算电路实际上是一个深度负反馈放大电路，所以通常采用“虚短”和“虚断”的概念进行分析，求得电路的运算关系。

(2) 基本运算电路及运算关系。

基本运算电路有比例运算、加法与减法运算、微分与积分运算等电路。它们有两种连接方式，即反相输入和同相输入连接方式。

反相输入运算电路的特点是：输出电压与输入电压反相，运放共模输入信号为零，输入电阻较低。同相输入运算电路的特点是：输出电压与输入电压同相，运放两个输入端对地电位等于输入电压，故有较大的共模输入电压，它的输入电阻可趋于无穷大。

现将基本运算电路及其运算关系列于表 1-7-4 中，以供参考。

表 1-7-4　基本运算电路及其运算关系

电路名称	电路图	运算关系	备注
反相比例运算电路	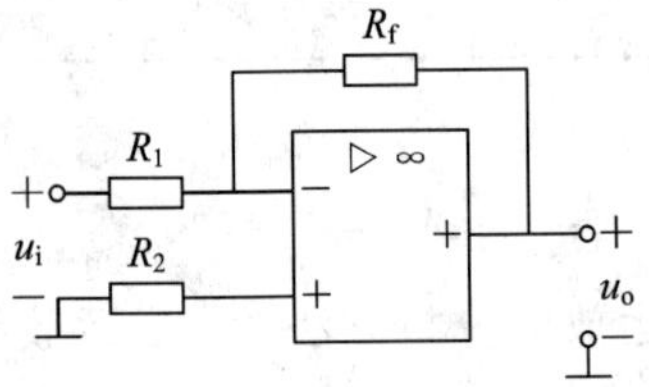	$u_o=-\frac{R_f}{R_1}u_i$	$R_2=R_1/\!/R_f$ $R_i=R_1$
同相比例运算电路	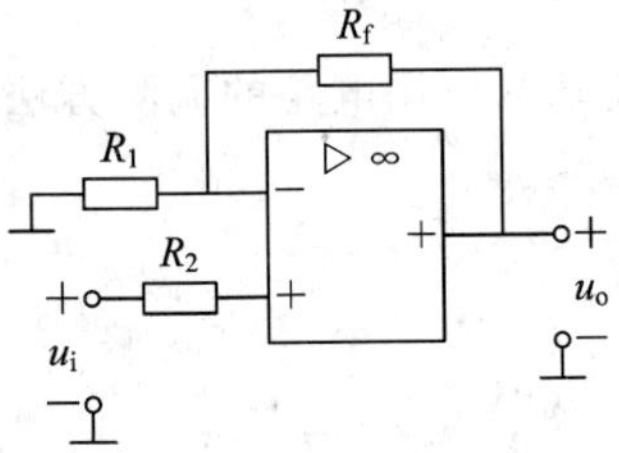	$u_o=\left(1+\frac{R_f}{R_1}\right)u_i$ 当 $R_1=\infty$ 或 $R_f=0$ 时， $u_o=u_i$	$R_2=R_1/\!/R_f$ $R_i=\infty$
反相加法运算电路	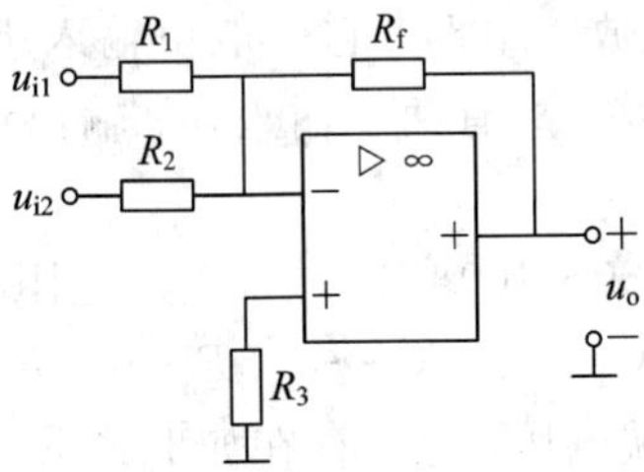	$u_o=-\left(\frac{R_f}{R_1}u_{i1}+\frac{R_f}{R_2}u_{i2}\right)$ 当 $R_1=R_2=R_f$ 时， $u_o=-(u_{i1}+u_{i2})$	$R_3=R_1/\!/R_2/\!/R_f$
同相加法运算电路	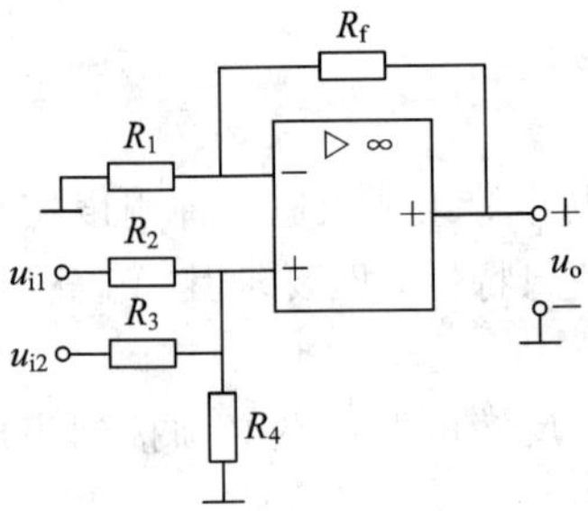	$u_o=\left(1+\frac{R_f}{R_1}\right)\left(\frac{R_3/\!/R_4}{R_2+R_3/\!/R_4}u_{i1}+\frac{R_2/\!/R_4}{R_3+R_2/\!/R_4}u_{i2}\right)$ 当 $R_2=R_3=R_4$ 时，$R_f=2R_1$ $u_o=u_{i1}+u_{i2}$	$R_1/\!/R_f=$ $R_2/\!/R_3/\!/R_4$

续表

电路名称	电路图	运算关系	备注
减法运算电路	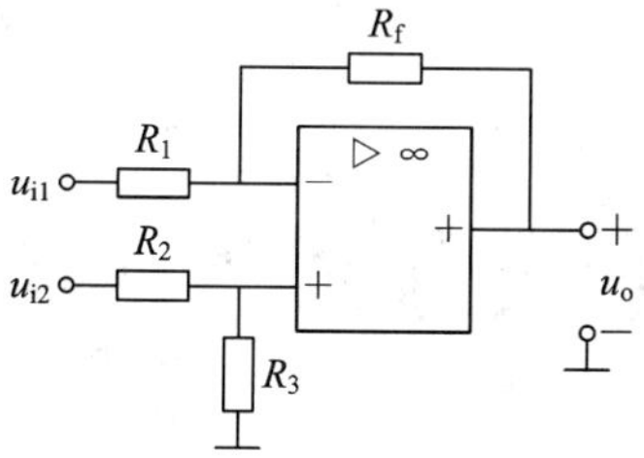	$u_o=\left(1+\frac{R_f}{R_1}\right)\frac{R_3}{R_2+R_3}u_{i2}-\frac{R_f}{R_1}u_{i1}$ 当 $R_1=R_2$，$R_f=R_3$ 时， $u_o=\frac{R_f}{R_1}(u_{i2}-u_{i1})$ 当 $R_1=R_2=R_f=R_3$ 时， $u_o=u_{i2}-u_{i1}$	$R_1 // R_f=R_2 // R_3$
微分运算电路	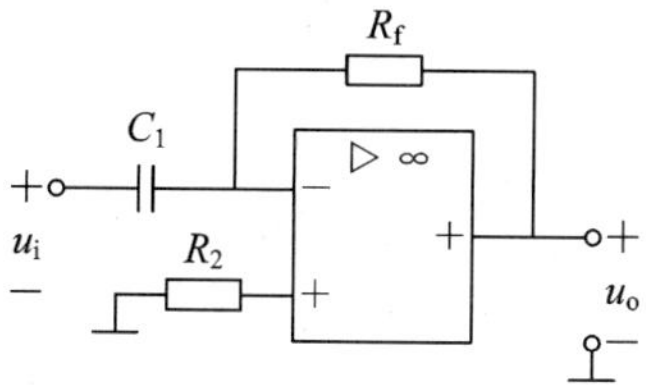	$u_o=-R_fC_1\frac{du_i}{dt}$	$R_2=R_f$
积分运算电路	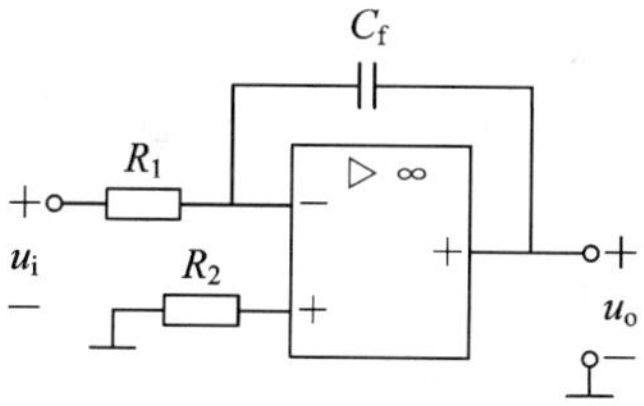	$u_o=-\frac{1}{R_1C_f}\int u_i dt$	$R_1=R_2$

【归纳与总结】

学生在任务总结的基础上，写出对模块 7 中知识总的认识和体会。

项目二　信号产生与处理

模块1　无源滤波电路

学习内容：

（1）整流、滤波电路工作原理及输出电压的测试。

（2）无源滤波电路的种类及工作原理。

（3）无源低、高通滤波电路输出电压的测试。

学习问题：

（1）分析桥式整流电路输出电压与输入电压的关系，讨论整流二极管的选择应考虑哪些因素。

（2）整流的方式有哪些？具有什么特点？为什么一般采用桥式整流？

（3）在电容滤波电路中，并联电容容量选择与负载大小是否有关？若有关系，根据负载大小如何选择电容器？无源滤波电路对输出信号有何影响？

（4）无源滤波有哪几种电路？有何作用？

（5）上限截止频率 f_H＝？下限截止频率 f_L＝？

（6）无源滤波电路的缺陷是什么？

学习要求：

掌握理论内容，制作电路，准确测量数据，验证理论，更好地认识、理解、消化所学知识。

【模块任务】

任务1　整流、滤波电路

（一）任务要求

输入为交流电，输出为平滑的直流电。

（二）任务内容

（1）利用面包板，按图 2-1-1 所示连接电路。

（2）调出 U_2的 6 V 电源。

（3）用万用表测量 U_2、U_o；用示波器观察 U_o 的波形；将数据、波形记入表2-1-1 中。

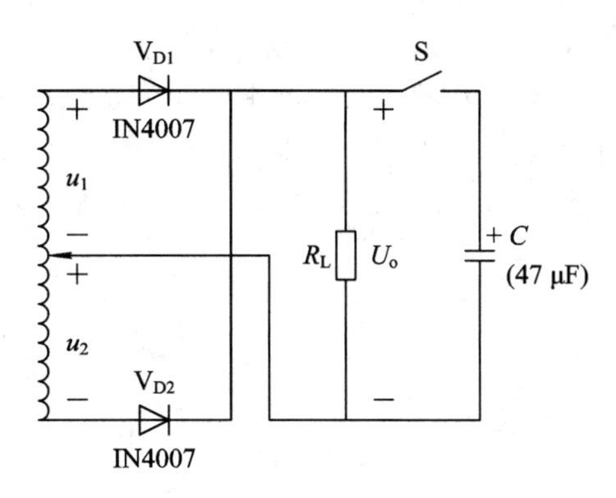

图 2-1-1　全波整流、滤波电路

表 2-1-1　全波整流、滤波电路参数

U_2	电路条件		U_o电压数值	U_o波形
6 V 正弦交流电	有滤波电容	$R_L=\infty$		
		$R_L=510\ \Omega$		
	无滤波电容	$R_L=\infty$		
		$R_L=510\ \Omega$		

(4) 比较 U_2、U_o的数据及波形，分析负载变化对输出 u_o的影响。

(三) 任务结论

根据测试与讨论的结果，写出实践研究报告(目的、原理及方法、数据测试、分析及总结)。

任务 2　无源低通、高通滤波电路

(一) 任务要求

低通滤波的通带范围为 0～1 kHz，通带内具有平坦的幅频特性，采用一阶无源滤波；高通滤波的通带范围为 1 kHz 以上，通带内具有平坦的幅频特性，采用一阶无源滤波。

(二) 任务内容

(1) 利用面包板及电路元件，按图 2-1-2 所示连接电路。

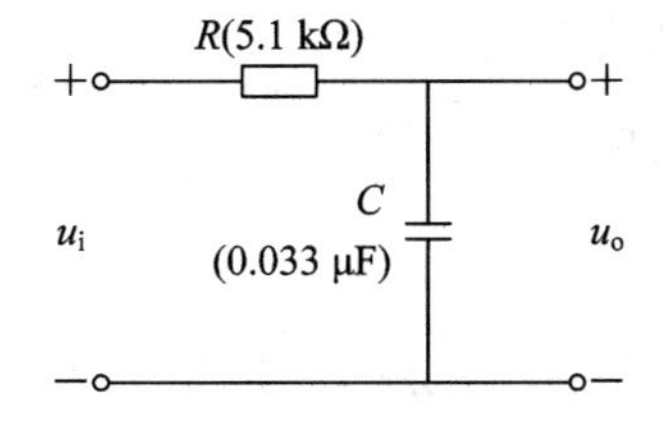

图 2-1-2　无源低通滤波电路

(2) 在输入端接上信号发生器，将毫伏表分别接在输入、输出端，输出端接上示波器。

(3) 低通滤波电路的测试：调节信号发生器输出电压的幅度，使滤波电路输出电压不失真；由 0 开始增加信号发生器输出信号的频率，观察输出端的毫伏表和示波器；随着频率增加，毫伏表指示减小至原来的 0.707 时，将相应通带范围记入表 2-1-2 中；用毫伏表测量 u_i、u_o；用频率器测量输出频率；将数据、波形记入表 2-1-2 中。

表 2-1-2 低通滤波电路测试数据

频率 f / 电压 U_o										通频带 BW/Hz
低通滤波电路										
高通滤波电路										

(4) 比较 u_i、u_o的数据以及对应的频率。

(5) 自行拟制无源高通滤波电路(如图 2-1-3 所示)的步骤。

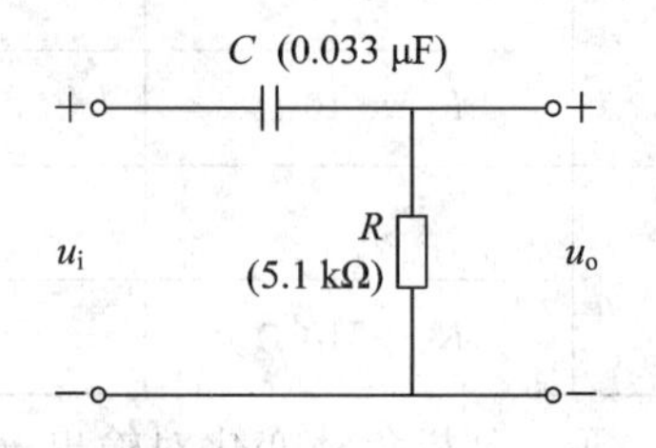

图 2-1-3 无源高通滤波电路

(三) 任务结论

根据测试与讨论的结果，写出实践研究报告(目的、原理及方法、数据测试、分析及总结)。

【模块理论指导】

1. 模块基本要求

掌握 整流电路原理及种类；无源滤波电路的原理及种类。

理解 波特图的概念。

了解 晶体管放大电路的高频特性、集成运放高频参数及其影响；集成运放小信号交流放大电路的构成及电路参数对其频率特性的影响。

2. 模块重点和难点

重点 无源滤波电路对输出信号的影响及无源滤波电路的种类。

难点 无源滤波电路对输出信号的影响。

3. 模块知识点

1) 放大电路的频率特性

(1) 简单 RC 低通和高通电路的频率特性。简单 RC 低通和高通电路的频率特性如表 2-1-3所示。RC 低通和高通电路具有对偶关系，它们的截止频率决定于 RC 电路的时间常数 τ 的倒数，在截止频率处输出信号比通带输出信号衰减 3 dB，而相移值为$\pm 45°$。

表 2-1-3　*RC* 低通和高通电路频率特性

电路名称	*RC* 低通电路		*RC* 高通电路	
	无源电路	有源一阶	无源电路	有源一阶
电路图	R +　+ $\dot{U}_i$　C　$\dot{U}_o$ −　−	R_f R_1　− ▷ ∞ + R + $\dot{U}_i$　C　$\dot{U}_o$	C +　+ $\dot{U}_i$　R　$\dot{U}_o$ −　−	R_f R_1　− ▷ ∞ + C + $\dot{U}_i$　R　$\dot{U}_o$
传输系数	$\dot{A}_u=\dfrac{\dot{U}_o}{\dot{U}_i}=\dfrac{1}{1+jf/f_H}$ $A_{uf}=1$	$\dot{A}_u=\dfrac{\dot{U}_o}{\dot{U}_i}$ $A_{uf}=1+\dfrac{R_f}{R_1}$ $\dfrac{\dot{A}_u}{\dot{A}_{uf}}=\dfrac{1}{1+jf/f_H}$	$\dot{A}_u=\dfrac{\dot{U}_o}{\dot{U}_i}=\dfrac{1}{1-jf_L/f}$ $A_{uf}=1$	$\dot{A}_u=\dfrac{\dot{U}_o}{\dot{U}_i}$ $A_{uf}=1+\dfrac{R_f}{R_1}$ $\dfrac{\dot{A}_u}{A_{uf}}=\dfrac{1}{1-jf_L/f}$
截止频率	$f_H=\dfrac{1}{2\pi RC}$		$f_L=\dfrac{1}{2\pi RC}$	
幅频和相频波特图	$20\lg\dfrac{\lvert\dot{A}_u\rvert}{A_{uf}}$/dB 0.1　1　10　100　f/f_H 0 −20　−20 dB/十倍频 −40 φ 0.1　1　10　f/f_H 0 −45°　−45°/十倍频 −90°		$20\lg\dfrac{\lvert\dot{A}_u\rvert}{A_{uf}}$/dB 0.1　1　10 0　f/f_L −20　20 dB/十倍频 −40 φ 90° −45°/十倍频 45° 0 0.1　1　10　f/f_L	

（2）晶体管及其单级放大电路的高频特性。在高频时，由于三极管的 PN 结电容不能忽略，从而影响到放大电路上限频率的提高。分析放大电路高频特性时需采用晶体管混合 π 型高频等效电路，如图 2-1-4 所示。图中，$C_{b'e}$ 为发射结电容，其值与工作点有关；$C_{b'c}$ 为集电结电容，由于跨接在输出与输入端之间，对放大电路上限频率起到限制作用；$g_m\dot{U}_{b'e}$ 为受控电流源，g_m 为三极管的跨导，它的计算公式为

$$g_m=\frac{\beta_o}{r_{b'e}}\approx\frac{I_{EQ}(\text{mA})}{26\ \text{mV}}$$

式中，β_o 为三极管的低频电流放大系数。

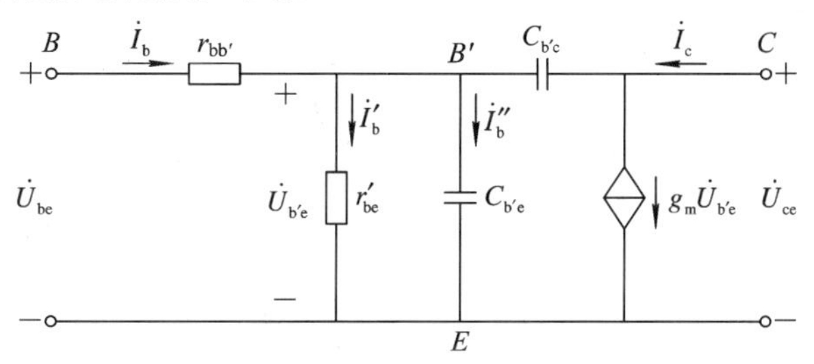

图 2-1-4　晶体管混合 π 型高频等效电路

(3) 集成运放高频参数及其影响。运算放大器开环差模电压增益值比其直流电压增益值下降 3 dB 所对应的频率，称为开环带宽 BW。

运算放大器在闭环零频增益为 1 倍的状态下，当用正弦小信号激励时，其闭环增益下降至 0.707 倍时的频率，称为单位增益带宽 BW_G。

若运放开环差模直流电压增益为 A_{ud}，则

$$BW_G = A_{ud}BW$$

集成运放闭环应用时，BW_G就是负反馈放大电路的单位增益带宽积。若负反馈放大电路的闭环增益为 A_{uf}、闭环带宽为 BW_f，则

$$BW_G = A_{uf}BW_f$$

集成运放在闭环状态下，输入大信号时输出电压对时间的最大变化率，称为转换速率 S_R，即

$$S_R = \left|\frac{du_o}{dt}\right|_{max}$$

如果集成运放输出大信号正弦波，输出电压最大幅度为 U_{om}、最高频率为 f_{max}，为了保证输出正弦信号不产生失真，则要求 $S_R \geqslant 2\pi f_{max}U_{om}$。

2) 集成运算放大器小信号交流放大电路

(1) 集成运放小信号交流放大电路通频带。集成运算放大电路交流小信号放大电路通常采用电容耦合，因此，放大电路的下限频率 f_L将受耦合电容器容量大小的影响，f_L等于与耦合电容构成等效 RC 高通电路的截止频率，即 $f_L = \dfrac{1}{2\pi RC}$，其中，C 为耦合电容器的容量，R 为等效高通电路的等效电阻。

放大电路的上限频率由集成运放的 BW_G 和负反馈深度所决定，上限频率可由下式求得

$$BW_G = A_{uf}BW_f = A_{ud}f_H$$

(2) 单电源供电交流放大电路。放大和处理交流信号时，集成运放采用单电源供电方式较为方便。当采用单电源供电时运算放大器的两个输入端的静态电位不能为零，为了使集成运放能对交流信号进行有效放大而不产生失真，应取电源电压的一半，而且集成运放输出端必须接有输出电容，其容量大小由放大电路的下限频率来决定。

【归纳与总结】

学生在任务总结的基础上，写出对模块 1 中知识总的认识和体会。

模块2 有源滤波电路

学习内容：

（1）一阶有源低通、高通及带通滤波电路的工作原理、上限截止频率、幅频特性、相频特性及应用。

（2）二阶有源低通、高通及带通滤波电路的工作原理、上限截止频率、幅频特性、相频特性及应用。

（3）二阶有源低通、高通及带通滤波电路的组装及测试。

学习问题：

（1）如何区分低通、高通、带通滤波电路？

（2）低通、高通、带通滤波电路工作在线性区还是非线性区？为什么？

（3）能否改变有源滤波电路的通频带？需要改变哪些电路元件的参数？

（4）有源滤波比无源滤波好在哪里？

（5）一阶与二阶有源滤波电路对输出信号的影响有什么不同？

（6）f_H＝？f_L＝？f_O＝？Q＝？BW＝？

学习要求：

掌握理论内容，制作电路，准确测量数据，验证理论，更好地认识、理解、消化所学知识。

【模块任务】

任务 二阶有源低通滤波电路

（一）任务要求

低通滤波；通带范围为0～1 kHz，通带内具有平坦的幅频特性，采用二阶有源滤波。

（二）任务内容

（1）按图2-2-1所示在实验电路板(EWB)上连接电路。

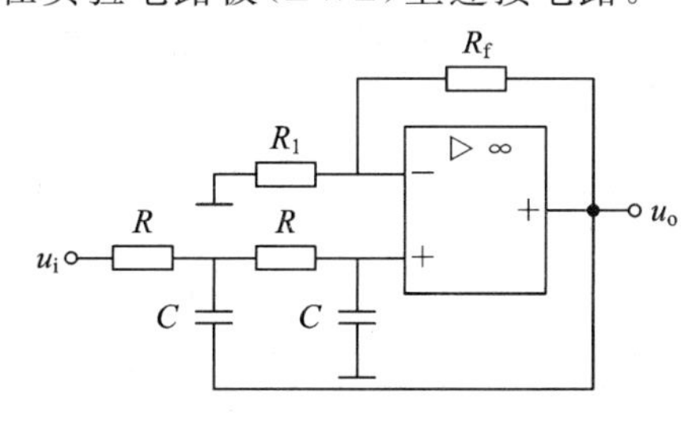

图2-2-1 二阶有源低通滤波电路

(2) 在输入端接上信号发生器，将毫伏表分别接在输入、输出端，输出端接上示波器。

(3) 调节信号发生器输出电压幅度，使滤波电路输出电压不失真。由 0 开始增加信号发生器输出信号的频率，观察输出端的毫伏表和示波器。随着频率增加，毫伏表指示减小至原来的 0.707 时，将相应通带范围记入表 2-2-1 中；用毫伏表测量 u_i、u_o；用频率器测量输出频率；将数据、波形记入2-2-1中。

表 2-2-1　二阶有源低通滤波电路测试数据

频率 f / 电压 u_o											通频带 BW/Hz
低通滤波电路											
高通滤波电路											
带通滤波电路											

(4) 比较 u_i、u_o的数据以及对应的频率。

(5) 自行拟制二阶有源高通、带通滤波电路的步骤。

(三) 任务结论

根据测试与讨论的结果，写出实践研究报告(目的、原理及方法、数据测试、分析及总结)。

【模块理论指导】

1. 模块基本要求

掌握　有源滤波电路的原理、种类和工作原理。

了解　有源低通和高通滤波电路的特性；集成功率放大器的性能特点及使用方法。

2. 模块重点和难点

重点　有源滤波电路对输出信号的影响及有源滤波电路的种类。

难点　有源滤波电路对输出信号的影响。

3. 模块知识点

1) 有源滤波电路

(1) 有源低通和高通滤波电路。用比例运算电路与 *RC* 低通或高通电路即可构成有源低通和高通电路。一阶有源滤波电路的频率特性与 *RC* 滤波电路的频率特性相同，不过有源滤波电路在通带内可由运算电路提供一定的增益，同时负载 R_L的影响很小。

为使滤波器幅频特性在阻带内有更快的衰减速度，实用上均采用二阶或更高阶数的有源滤波电路。一阶滤波电路阻带幅频特性以 20 dB/十倍频斜率衰减，二阶滤波电路则以 40 dB/十倍频斜率衰减，阶数越高，阻带幅频特性衰减的速度就越快，滤波电路的性能就越好。

同相输入二阶有源实用低通和高通滤波电路及其幅频特性如表 2-2-2 所示，高通与低通电路及幅频特性具有对偶关系。

(2) 有源带通和带阻滤波电路。只允许某频段内信号通过，而该频段之外的信号不能通过的电路，称为带通滤波电路；带阻滤波电路与带通滤波电路的作用相反。带通和带阻滤波电路均具有两个截止频率，它们都是由高通和低通滤波电路适当组合而成的。

表 2-2-2　同相输入二阶有源低通和高通滤波电路及其幅频特性

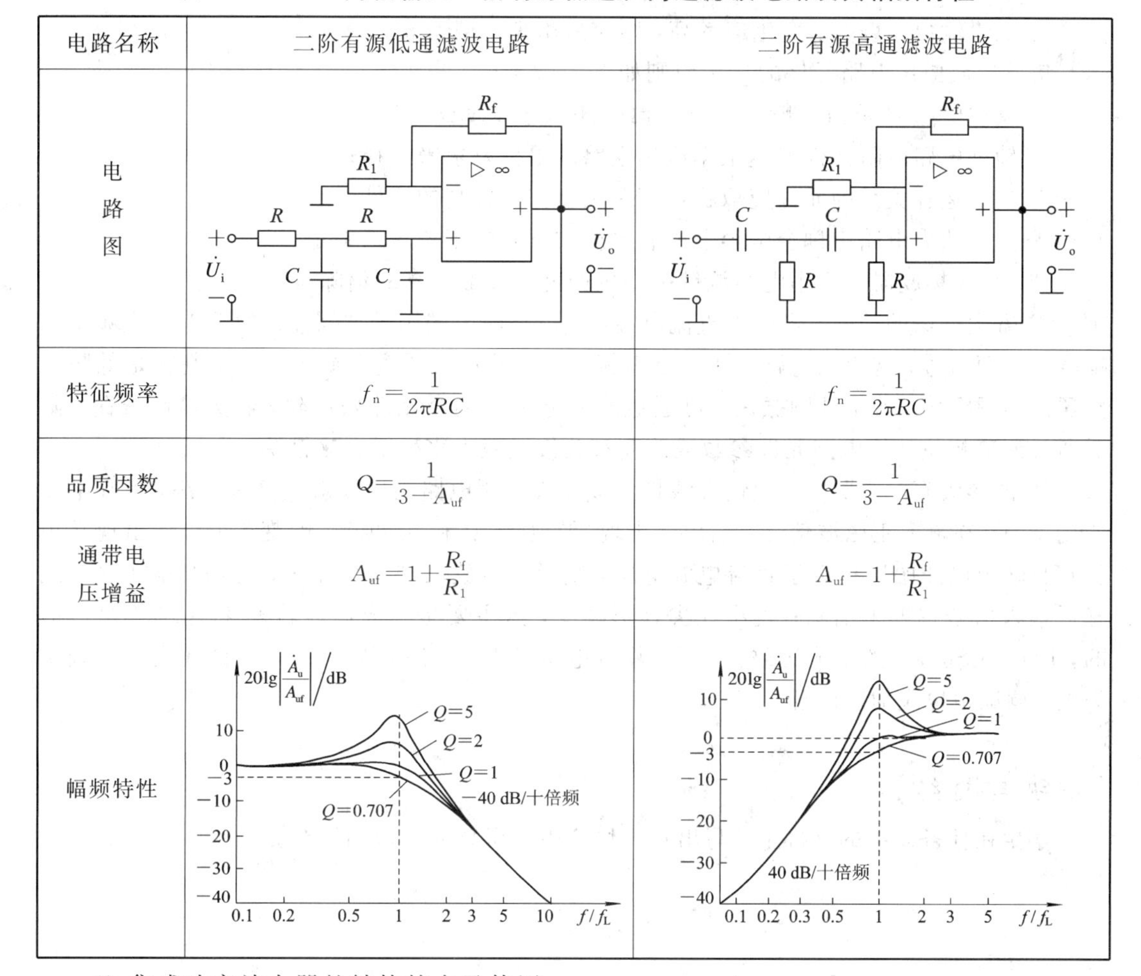

电路名称	二阶有源低通滤波电路	二阶有源高通滤波电路
电路图		
特征频率	$f_n=\frac{1}{2\pi RC}$	$f_n=\frac{1}{2\pi RC}$
品质因数	$Q=\frac{1}{3-A_{uf}}$	$Q=\frac{1}{3-A_{uf}}$
通带电压增益	$A_{uf}=1+\frac{R_f}{R_1}$	$A_{uf}=1+\frac{R_f}{R_1}$
幅频特性		

2）集成功率放大器的结构特点及使用

集成功率放大器是由集成运算放大器发展而来的，它的内部电路一般也由前置级、中间级、输出级及偏置电路等组成，不过集成功放的输出功率大、效率高。另外，集成功放中还常设有过流、过压以及过热保护电路等，所以有较高的可靠性。集成功放使用时可选用其典型应用电路，但需注意，若采用双电源供电，输出即构成 OCL 电路；若采用单电源供电，输出即构成 OTL 电路。其次，大功率器件为保证器件使用安全，应按规定外接散热装置。

3）线性集成器件应用电路的调整与测试

(1) 集成运放应用电路元器件的选择。

集成运放的选用原则如下：

① 尽量选用通用型器件；

② 对于低频、输入幅度在数毫伏以上，信号源内阻及负载电阻适中(如几千欧)的电路，一般采用通用型集成运放；

③ 对于内阻很高的信号源，应选用高阻型运放；

④ 对于微弱信号的放大，应选用高精度、低漂型运放；

⑤ 如果工作频率比较高，则应采用宽带型运放；

⑥ 如果输出幅度大、变化速率高，则应采用高速型运放。

集成运放应用电路元件的选用原则如下：

① 反馈电阻 R_f阻值一般不低于 1 kΩ，不大于 1 MΩ；

② 辅助电路电阻元件值应根据应用电路的阻抗要求来选择；

③ 决定运算关系的元件应取稳定度和精度都比较高的元件；

④ 交流放大电路中耦合电容器的容量应按下限频率要求来确定。

(2) 线性集成器件应用电路调试中寄生振荡与波形失真的消除。

① 寄生振荡的消除。当合上直流电源后，电路输出端用示波器能观察到有一定频率和幅度的周期信号，这说明电路产生了自激振荡。根据示波器观察到的波形，判断是低频振荡还是高频振荡。若是低频振荡，可通过改变电源去耦合元件来消除；若为高频振荡，则需通过调整相位补偿电路元件参数或改变有关接线减小寄生耦合来消除。

② 波形失真的消除。一般情况线性集成器件应用电路输出波形失真都很小，但在电路使用不当，在输入正弦波信号，输出会出现"平顶"失真和"尖顶形"畸变失真。若出现平顶失真且输出电压幅度接近于直流电源电压，则说明运放已进入饱和区，可提高电源电压或降低输入信号幅度来消除；若出现尖顶形畸变，这主要是集成运放转换速率 S_R不足造成的，应换用 S_R较大的集成运放。此外，耦合电容过小、器件 BW_G不够，电路还会产生频率失真，调试中也应加以注意。

【归纳与总结】

学生在任务总结的基础上，写出对模块 2 中知识总的认识和体会。

模块3　信号产生电路

学习内容：

(1) 正弦波产生电路的组成。

(2) 振荡的平衡条件。

(3) RC 桥式振荡电路。

(4) 变压器反馈式 LC 振荡电路。

(5) 组装 RC 桥式振荡电路，调试与测试电路。

(6) 组装变压器反馈式 LC 振荡电路，调试与测试电路。

学习问题：

(1) 正弦波振荡电路由哪几部分组成？各部分的作用分别是什么？

(2) 产生正弦波振荡的条件是什么？

(3) RC 桥式振荡电路的特点是什么？

(4) 变压器反馈式 LC 振荡电路的特点是什么？

(5) 正弦波振荡电路的放大元器件工作在线性区还是非线性区？

学习要求：

掌握理论内容，制作电路，准确测量数据，验证理论，更好地认识、理解、消化所学知识。

【模块任务】

任务1　RC 桥式振荡电路

(一) 任务要求

输出 1 kHz 的正弦波。

(二) 任务内容

(1) 按图 2-3-1 所示在实验电路板上连接电路。

(2) 在输出端接上示波器、毫伏表和频率器。

(3) 调节 R_f(先使 $R_f/R_1>2$，振荡起来后 $R_f/R_1=2$)，使 RC 桥式振荡电路输出电压不失真。观察输出端的毫伏表、示波器和频率器，改变电容 C，将频率、波形及电压记入表 2-3-1中。

表 2-3-1　RC 桥式振荡电路测试数据

调节 R_f/R_1	输出频率	U_i数值	U_o数值	u_o波形	A_f

（4）比较 u_2 的频率 f 与 $\frac{1}{2\pi RC}$ 的关系；比较 A_f 的测量值 U_o/U_i 与计算值 $(1+R_f/R_{E1})$。

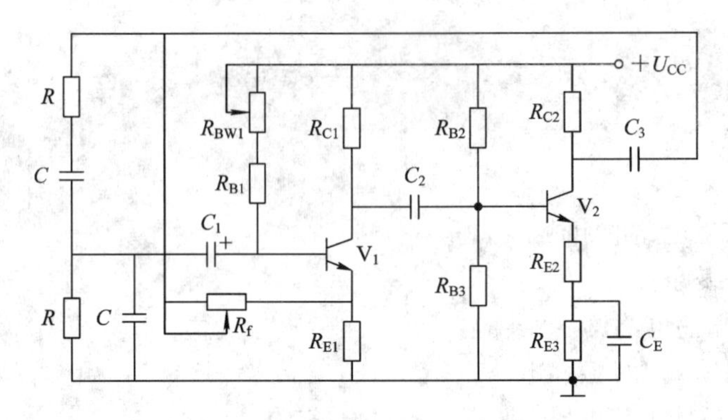

图 2－3－1　晶体管组成的 RC 桥式振荡电路

（三）任务结论

根据测试与讨论的结果，写出实践研究报告（目的、原理及方法、数据测试、分析及总结）。

任务 2　变压器反馈式 LC 振荡电路

（一）任务要求

能够输出三个频率的正弦信号。

（二）任务内容

（1）按图 2－3－2 所示在实验电路板上连接电路。

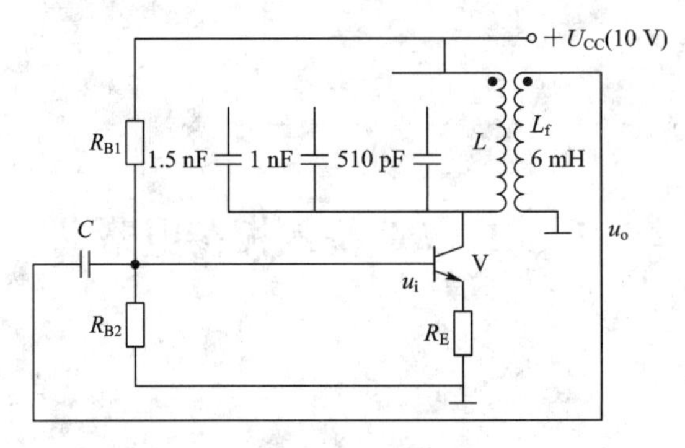

图 2－3－2　变压器反馈式 LC 振荡电路

（2）在输出端接上示波器、毫伏表和频率器。

（3）接通电源，观察输出端的示波器和频率发生器，改变电容 C，将频率及波形记入表 2－3－2 中。

表 2－3－2　变压器反馈式 LC 振荡电路测试数据

C	1.5 nF	1 nF	510 pF
f 测量值			
f 理论值			
u_o 波形			

(4) 比较 u_2 的频率 f 与 $\frac{1}{2\pi\sqrt{LC}}$ 的关系。

(三) 任务结论

根据测试与讨论的结果，写出实践研究报告(目的、原理及方法、数据测试、分析及总结)。

【模块理论指导】

1. 模块基本要求

掌握　正弦波产生电路的组成；振荡的平衡条件；RC、LC 正弦波产生电路的工作原理。

了解　非正弦信号产生电路的工作原理及压控振荡器的特点。

2. 模块重点和难点

重点　正弦波产生电路的工作原理。

难点　振荡的平衡条件；RC 选频原理。

3. 模块知识点

1) 正弦波振荡电路

正弦波振荡电路用于产生一定频率和幅度的正弦信号，它实际上是一个带有选频网络的正反馈放大电路。它的振荡相位和振幅平衡条件分别为

$$\varphi_a+\varphi_f=2n\pi \quad (n=0, 1, 2, \cdots) \quad (\text{相位平衡条件})$$

$$|\dot{A}_u\dot{F}_u|=1 \quad (\text{振幅平衡条件})$$

式中，φ_a、$\dot{A}_u$ 为放大电路的相移和电压放大倍数；φ_f、$\dot{F}_u$ 为反馈网络的相移和反馈系数。

振荡的起振条件为

$$\varphi_a+\varphi_f=2n\pi \quad (n=0, 1, 2, \cdots), \quad |\dot{A}_u\dot{F}_u|>1$$

2) RC 振荡电路

RC 振荡电路适用于低频，一般在 1 MHz 以下。RC 桥式振荡电路由 RC 串并联选频网络与放大电路组成。RC 串并联选频网络在 $\omega_o=1/RC$ 且电路的传输系数 $|\dot{F}_u|=\frac{1}{3}$ 时为最大，相移 $\varphi_f=0$。所以 RC 桥式振荡电路的振荡频率 $f_o=\frac{1}{2\pi RC}$。

为了产生稳定的正弦波振荡，要求 RC 桥式振荡电路中放大电路应满足下列要求：

(1) 同相放大，$A_u\geqslant 3$；

(2) 高输入阻抗、低输出阻抗；

(3) 自动稳幅。

实用中，放大电路通常采用集成运放同相比例运算电路，并用非线性元件构成负反馈电路，从而使放大电路的增益自动随输出电压的增大(或减小)而下降(或增大)，这样振荡起振容易、输出波形好且幅度稳定。

3) LC 振荡电路

LC 振荡电路的选频网络由 LC 回路组成，所以它的振荡频率近似等于 LC 回路的谐振频率。由于反馈形式的不同，LC 振荡电路有变压器反馈式、电感三点式和电容三点式

等电路。

当要判断 LC 振荡电路是否满足相位平衡条件时，首先要将振荡电路划分为放大电路和反馈电路；然后，假设放大电路输入端断开，标出放大电路的输入电压 u_i、输出电压 u_o 以及反馈电路的反馈电压 u_f，并按假定的 u_i 瞬时极性，按照信号先放大后反馈的传输途径，依次推出 u_o、u_f 的瞬时极性；最后，将 u_f 与 u_i 的瞬时极性进行比较，当它们对于公共电位参考点的瞬时极性相同时，即构成正反馈，满足振荡的相位平衡条件，电路可能产生振荡，否则，电路不满足振荡的相位平衡条件。

石英晶体振荡电路是由石英晶体谐振器代替 LC 谐振回路构成的振荡电路，通过学习应清楚了解以下几点：

（1）石英晶体振荡电路具有很高的频率稳定度；

（2）石英晶体谐振器的阻抗特性及它在石英晶体振荡电路中的作用；

（3）石英晶体振荡电路的构成。

【归纳与总结】

学生在任务总结的基础上，写出对模块 3 中知识总的认识和体会。

模块 4　非正弦波产生电路

学习内容：

(1) 电压比较器的工作原理。

(2) 迟滞比较器的工作原理。

(3) 施密特组成的锯齿波、方波产生电路的工作原理。

(4) 555 组成的方波产生电路的工作原理。

(5) 用施密特组装锯齿波、方波产生电路，进行相应调试与测试。

(6) 用 555 组装方波产生电路，进行相应调试与测试。

学习问题：

(1) 电压比较器与迟滞比较器的特性有何区别？

(2) 上门限电压、下门限电压和回差电压有什么不同？

(3) 集成运放作为电压比较器和运算电路使用时，它们的工作状态有何区别？

(4) 非正弦波信号产生电路的工作原理与正弦波振荡电路有何区别？

(5) 施密特触发器为什么有两个门限值？

(6) 说出三个方波产生电路的名称。

(7) 任务 1 方波产生电路中的迟滞比较器是同相型还是反同相型的？

学习要求：

掌握理论内容，制作电路，准确测量数据，验证理论，更好地认识、理解、消化所学知识。

【模块任务】

任务 1　迟滞比较器组成的锯齿波、方波产生电路

(一) 任务要求

根据给定电路，得到方波和锯齿波，并测定相关数据。

(二) 任务内容

(1) 按图 2-4-1 所示在实验电路板上连接电路。

(2) 在输出端接上示波器和频率器。

(3) 接通电源，观察输出端的示波器和频率器，改变电阻 R，将频率及波形记入表 2-4-1 中。注意 R、C、R_2 的选取会影响到输出频率，减小 R_2 可以增加频率，增大 R 可以减小频率，调节

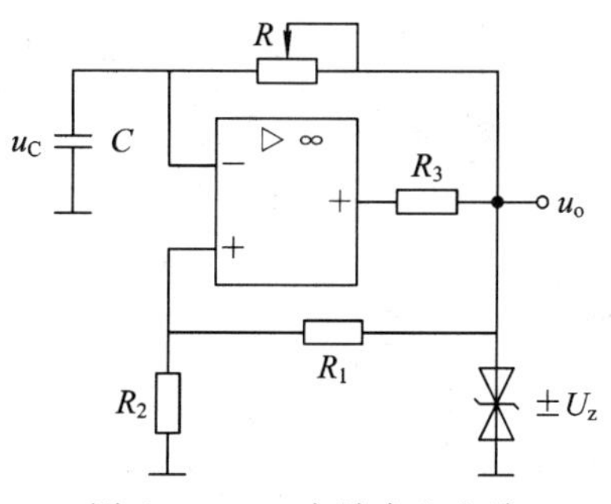

图 2-4-1　方波产生电路

出需要的频率。用示波器观察电容两端的波形。

表 2-4-1　迟滞比较器组成的方波电路测试数据

测量值		频率 f	u_o波形	u_c波形	
方波电路	R=10 kΩ				
	R=100 kΩ				

（4）分析影响频率 f 的因素及实质。

（三）任务结论

根据测试与讨论的结果，写出实践研究报告（目的、原理及方法、数据测试、分析及总结）。

任务 2　555 组成的方波产生电路

（一）任务要求

设计 555 组成方波产生电路，得到方波和锯齿波，并测定相关数据。

（二）任务内容

（1）按图 2-4-2 所示在 EWB 上连接电路。

（2）电路接入示波器和频率器，观察 u_o、u_c波形，测量脉冲宽度、周期，计算 u_o的占空比；将 R_1改为 3.6 kΩ，R_2改为 13 kΩ，观察 u_o、u_c波形，测量脉冲宽度、周期，计算 u_o的占空比。将频率、波形和占空比记入表 2-4-2 中。

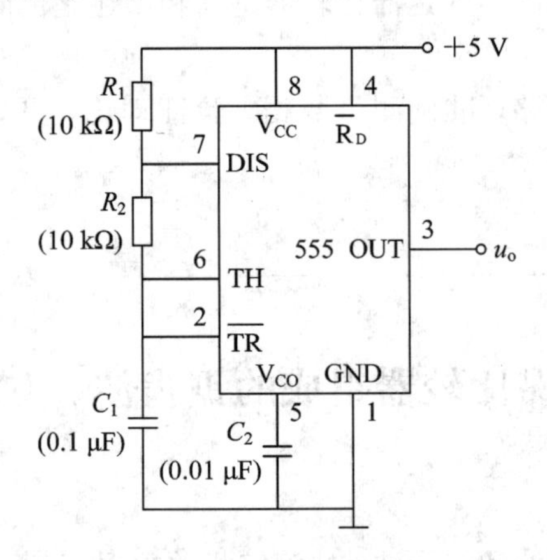

图 2-4-2　555 组装方波产生电路

表 2-4-2　555 组成的方波产生电路测试数据

测量值		频率 f	u_o波形	u_c波形	占空比
方波电路	R_1=10 kΩ R_2=10 kΩ				
	R_1=3.6 kΩ R_2=13 kΩ				

（3）分析影响占空比的原因。

（三）任务总结

根据测试与讨论的结果，写出实践研究报告(目的、原理及方法、数据测试、分析及总结)。

【模块理论指导】

1. 模块基本要求

掌握　电压比较器的工作原理；迟滞比较器的工作原理。

理解　由迟滞比较器组成的锯齿波、方波产生电路；由 555 组成的方波产生电路。

了解　非正弦信号产生电路的工作原理及压控振荡器的特点。

2. 模块重点和难点

重点　迟滞比较器的工作原理。

难点　迟滞比较器的工作原理。

3. 模块知识点

1）电压比较器

电压比较器用来对两个输入电压进行比较，并根据比较结果输出高电平或低电平，广泛用于非正弦波信号的产生和变换以及模/数转换等。

理想集成运放工作在开环状态下，其输出只有正饱和和负饱和值两种状态。当同相端输入电压大于反相端输入电压时，输出为正饱和值，即 $U_O=U_{OM}$；反之，输出为负饱和值，即 $U_O=-U_{OM}$。

比较器输出由一种状态跳变到另一种状态时，所对应的输入电压值称为门限电压。只有一个门限的比较器称单限电压比较器，若门限电压为零，则称为过零比较器。加有正反馈的比较器，具有滞回形状的传输特性，称为迟滞比较器，也称为施密特触发器。迟滞比较器有上、下两个门限电压，两者之差称为回差电压。

2）非正弦波产生电路

非正弦波产生电路中没有选频网络，它通常由比较器、积分电路和反馈电路等组成，其状态的翻转依靠电路中定时电容能量的变化，改变定时电容的充放电电流的大小，可调节振荡周期。

用集成运放构成的方波发生电路中，集成运放与正反馈电路构成迟滞比较器，RC 积分电路接在输出端与反相输入端之间。利用比较器输出的高电平或低电平对定时电容的不断充电、放电，迫使比较器输出不断地在高电平和低电平之间跳变，从而产生一方波信号输出，其振荡周期与 RC 充放电时间常数成正比，也与两门限电压的大小有关。

【归纳与总结】

学生在任务总结的基础上，写出对模块 4 中知识总的认识和体会。

项目三 功率放大器

模块1 甲类与乙类放大电路

学习内容：

(1) 甲类功率放大器的工作原理、特点及缺陷。

(2) 乙类放大电路的工作原理、性能指标、特点及缺陷。

(3) 测试甲类功率放大器的最大输出功率及输入、输出电阻。

(4) 测试乙类功率放大器的最大输出功率及输入、输出电阻。

学习问题：

(1) 功率放大器的实质及特点是什么？

(2) 甲类功率放大器的缺陷是什么？如何解决？

(3) 乙类功率放大器的缺陷是什么？

(4) 乙类功率放大器的最大输出功率、效率及管耗的公式是什么？

(5) 乙类功率放大器输出最大功率时，管耗最大吗？

(6) 乙类功率放大器输出最大功率时，效率最大吗？

学习要求：

掌握理论内容，制作电路，准确测量数据，验证理论，更好地认识、理解、消化所学知识。

【模块任务】

任务1 甲类功率放大器

(一) 任务要求

设计甲类功率放大器；测试相关数据；了解甲类功率放大器的优缺点。

(二) 任务内容

(1) 按图3-1-1所示在EWB上组装甲类功率放大器。

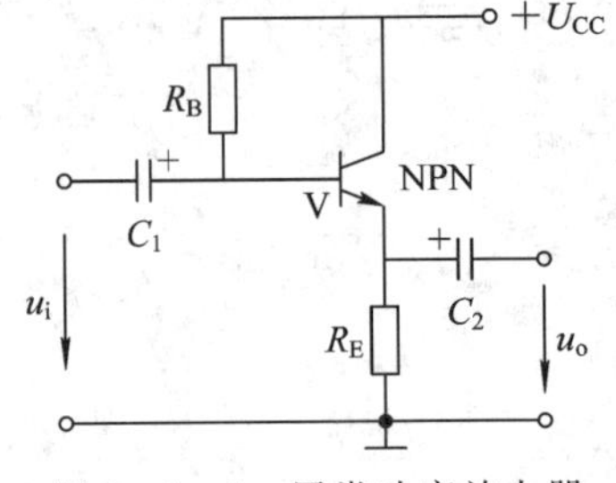

图3-1-1 甲类功率放大器

(2) 根据已知V、R_L选取电源U_{CC}和R_B；测试静态工作点；输入大信号时，观察输出波形，调试R_B电阻，从而得到甲类功率放大器的最大(不失真)功率；测试发射极的电流I_{EQ}；在输入端接上信号发生器，将毫伏表、示波器分别接在输入、输出端；调节信号发生器输出电压幅度为5 V，频率为 1 kHz；用示波器观察输入、输出电压波形；用毫伏表测量输出电压。将所测数据及波形记入表 3-1-1 中。

表 3-1-1　甲类功率放大器电路测试数据

静态电流 I_{EQ}	静态功率损耗	输出电压 U_o	输出功率 P_o	输入电压波形	输出电压波形

(3) 分析甲类功率放大器效率。

(三) 任务总结

根据测试与讨论的结果，写出实践研究报告(目的、原理及方法、数据测试、分析及总结)。

任务 2　乙类功率放大器

(一) 任务要求

设计乙类功率放大器；测试相关数据；了解乙类功率放大器的优缺点。

(二) 任务内容

(1) 按图 3-1-2 所示在 EWB 上组装乙类功率放大器。

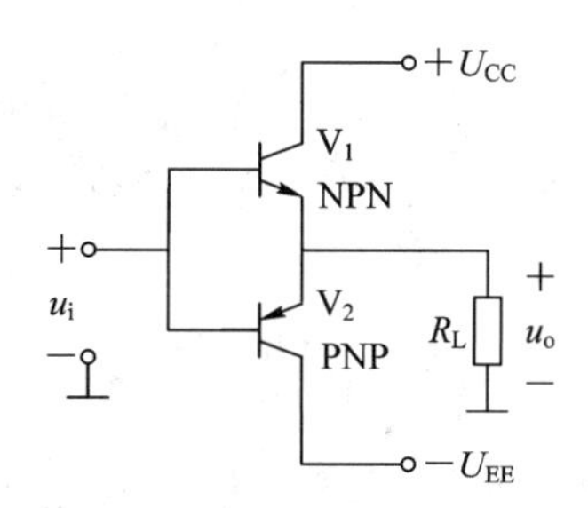

图 3-1-2　乙类功率放大器

(2) 根据已知 V_1、V_2、R_L 选取电源 $+U_{CC}$、$-U_{EE}$；测试静态工作电流 I_{EQ}。

(3) 在输入端接上信号发生器，将示波器分别接在输入、输出端；将毫伏表接在输出端。

(4) 调节信号发生器输出电压幅度为 5 V，频率为 1 kHz；用示波器观察输入、输出电压波形；用毫伏表测量输出电压。将所测数据及波形记入表 3-1-2 中。

表 3-1-2　乙类功率放大器电路测试数据

静态电流 I_{EQ}	静态功率损耗	输出电压 U_o	输出功率 P_o	输入电压波形	输出电压波形

(5) 分析乙类功率放大器效率及输出波形。

(三) 任务总结

根据测试与讨论的结果，写出实践研究报告(目的、原理及方法、数据测试、分析及总结)。

【模块理论指导】

1. 模块基本要求

掌握 甲类和乙类放大电路的工作原理及特点；乙类功率放大器的性能指标及其优缺点。

理解 功率与效率的估算。

了解 功率放大器的实质和特点。

2. 模块重点和难点

重点 功率放大器的最大功率及输入、输出电阻的理解。

难点 乙类放大电路的工作原理及特点。

3. 模块知识点

1）功率放大电路的特点及分类

功率放大电路主要用于向负载提供足够功率，所以它工作在大信号状态。提高功放效率是十分重要的，这不仅可减小电源能量的消耗，同时对降低管耗、提高电路工作的可靠性是十分有效的。因此，低频功率放大电路中常采用乙类工作状态来降低管耗，提高输出功率和效率。

放大电路按三极管在一个周期内导通时间的不同，可分为甲类、乙类和甲乙类放大。在整个输入信号周期内管子都有电流流通的称甲类放大；在一个周期内管子只有半个周期有电流流通的则称乙类放大；在一个周期内有半个多周期内有电流流通的则称为甲乙类放大。甲类放大的优点是波形失真小，但其管耗和放大电路效率低；乙类和甲乙类放大由于管耗小，放大电路效率高，但其失真较大。所以在实际电路中均采用两管轮流导通的推挽电路来减小失真。

2）乙类互补对称功率放大电路的工作原理

乙类互补对称功率放大电路是用两只特性对称的 NPN 和 PNP 型三极管构成的，它们的基极和发射极分别连接在一起，基极零偏置，信号由基极输入，输出信号由发射极引出。在输入信号的作用下，两管在正、负半周轮流导通，虽然两管分别工作在乙类状态，但负载上仍能获得与输入信号波形相同的信号输出。

互补电路实际上是由两个工作在乙类状态的射极输出器组成的，故它具有射极输出器的特点，即输出电压与输入电压大小近似相等、相位相同，输出电阻很低而有很强的负载能力，能够向负载提供大的输出功率。

【归纳与总结】

学生在任务总结的基础上，写出对模块 1 中知识总的认识和体会。

模块2　OCL与OTL放大电路

学习内容：

（1）OCL电路的结构及工作特点。

（2）OTL电路的结构及工作特点。

（3）组装、测量OCL与OTL功率放大器最大不失真输出功率。

（4）研讨OCL、OTL功率放大器的最大不失真输出功率。

学习问题：

（1）OCL功率放大器的优点和缺点分别是什么？

（2）OCL功率放大器的缺点如何解决？

（3）OCL、OTL功率放大器的最大不失真输出功率的公式是什么？

（4）为什么OCL功率放大器输入信号越大，交越失真越大？

（5）OCL功率放大器为什么具有较强的负载能力？电压放大倍数为多少？

（6）OTL功率放大器输出端大电容的作用是什么？

（7）OCL与OTL功率放大器主要有哪些不同？

学习要求：

掌握理论内容，制作电路，准确测量数据，验证理论，更好地认识、理解、消化所学知识。

【模块任务】

任务1　OCL功率放大器

（一）任务要求

设计OCL功率放大器，验证其为特性较好的功率放大器。

（二）任务内容

（1）如图3-2-1所示为OCL功率放大器的原理图，图3-2-2为其实测电路，按图3-2-2所示在EWB上连接电路。

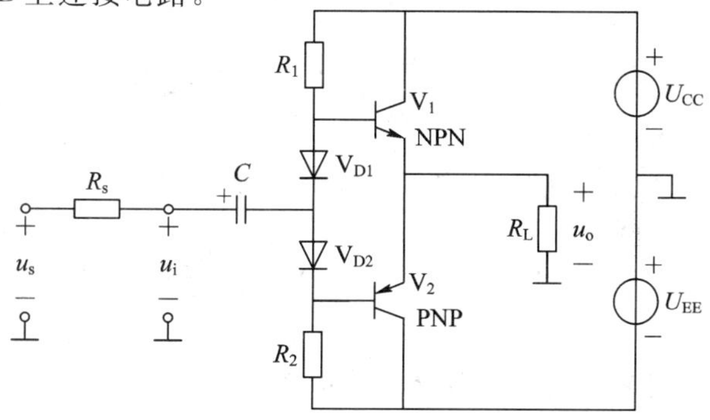

图3-2-1　OCL功率放大器原理电路

(2) 在输入端接上信号发生器，将毫安表分别接在输入、输出端，输入、输出端接上示波器。

(3) 调节信号发生器输出电压幅度为 10 V，频率为 1 kHz；用示波器观察输入、输出电压波形，若有交越失真，则通过调节 R_p 来消除，若无交越失真，则闭合 S，可以观察到交越失真；用毫安表测量输入、输出电流，用毫伏表测量输入、输出电压；用示波器观察输入、输出电压波形及交越失真波形。将所测数据及波形记录在表 3-2-1 中。

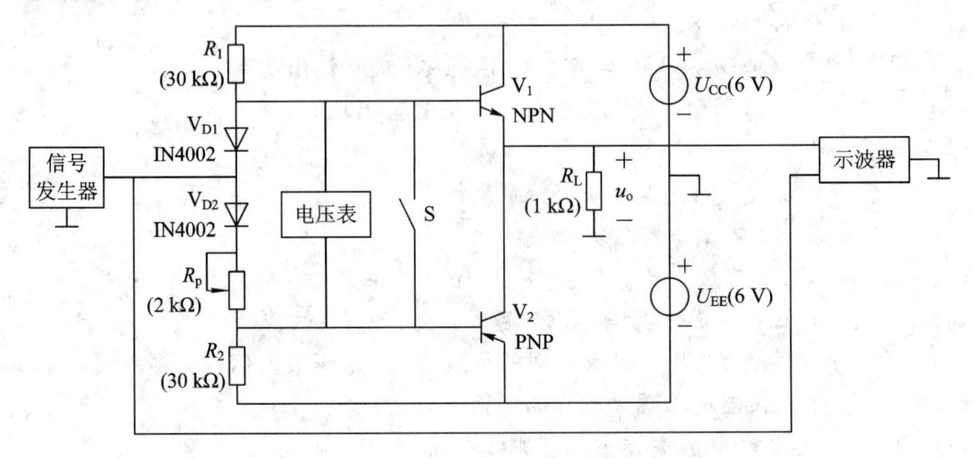

图 3-2-2　OCL 功率放大器实测电路

表 3-2-1　OCL 功率放大器电路测试数据

输入电流大小	输出电流大小	输入电压		输出电压	闭合 S 输出电压波形
		大小			
		波形			

(4) 比较输入、输出电流数据；比较输入、输出电压数据；观察输入、输出电压波形及交越失真波形。

(三) 任务总结

根据测试与讨论的结果，写出实践研究报告(目的、原理及方法、数据测试、分析及总结)。

任务 2　OTL 功率放大器

(一) 任务要求

设计 OTL 功率放大器，验证其为特性较好的功率放大器。

(二) 任务内容

(1) 如图 3-2-3 所示为 OTL 功率放大器的原理图，图 3-2-4 为其实测电路，按图 3-2-4 所示在 EWB 上连接电路。

(2) 在输入端接上信号发生器，将毫安表分别接在输入、输出端，用毫伏表测量输入、输出电压，用示波器观察输入、输出电压波形。

(3) 调节信号发生器输出幅度为 10 mV，频率为 1 kHz 正弦交流信号；用示波器观察输入、输出电压波形，若有交越失真，则通过调节 R_{p1} 来消除；用毫安表测量输入、输出电流，用毫伏表测量输入、输出电压；断开电容 C_2 与接通时，观察电压正半周的变化来确定自举电路的作用。将所测数据与波形记录在表 3-2-2 中。

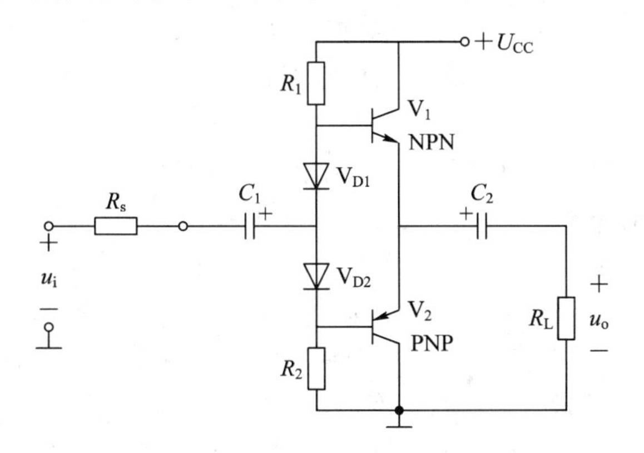

图 3-2-3　OTL 功率放大器原理电路

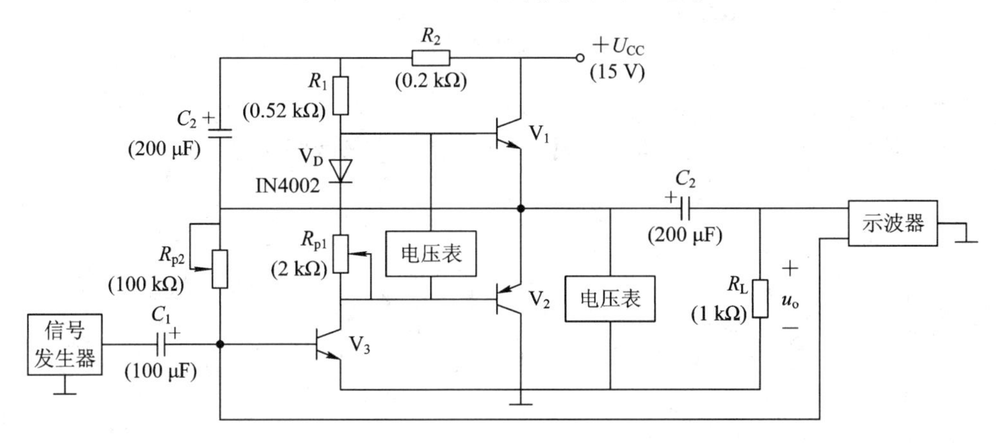

图 3-2-4　OTL 功率放大器实测电路

表 3-2-2　OTL 功率放大器电路测试数据

<table>
<tr><td rowspan="2">输入电流大小</td><td rowspan="2">输出电流大小</td><td colspan="2">输入电压</td><td rowspan="2">输出电压</td><td>闭合 C_2，输出电压波形</td></tr>
<tr><td>大小</td><td></td><td></td></tr>
<tr><td rowspan="2"></td><td rowspan="2"></td><td rowspan="2">波形</td><td rowspan="2"></td><td rowspan="2"></td><td>断开 C_2，输出电压波形</td></tr>
<tr><td></td></tr>
</table>

（4）比较输入、输出电流数据；比较输入、输出电压数据；观察输入、输出电压波形，分析自举电路的作用。

（三）任务总结

根据测试与讨论的结果，写出实践研究报告（目的、原理及方法、数据测试、分析及总结）。

【模块理论指导】

1. 模块基本要求

掌握　OCL 和 OTL 功率放大器的结构及工作特点。

理解　OCL 和 OTL 功率放大器的最大不失真输出功率。

2. 模块重点和难点

重点　OCL 和 OTL 功率放大器的结构及工作特点。

难点　OCL 和 OTL 功率放大器的工作原理。

3. 模块知识点

由于半导体三极管存在死区电压，所以乙类互补对称电路存在严重的交越失真。为了消除交越失真，实用电路中分别给两只三极管发射结加上一个很小的正向偏压，使两管在静态时均处于微导通状态，即使管子工作在甲乙类状态。由于静态电流很小，因此甲乙类互补对称电路仍用乙类互补对称电路的有关公式估算电路的功率和效率。

实用中，为了便于获得特性对称的异型管，往往采用复合管来实现异型管的配对。两只或两只以上的三极管按照一定的连接方式组成一只等效的三极管，称为复合管。复合管的类型与组成该复合管的第一只三极管相同。复合管的电流放大系数近似为组成该复合管各二极管 β 值的乘积，其值很大。

【归纳与总结】

学生在任务总结的基础上，写出对模块 2 中知识总的认识和体会。

模块3　实用小型功率放大器的设计与制作

一、设计任务

设计并制作一个实用小型功率放大器，其电源电压为+6 V，负载为25 Ω。

二、设计目的

（1）熟悉功率放大器的相关理论。

（2）锻炼根据要求设计电子电路的相关能力。

（3）学会功率放大器的调试。

三、设计要求

（1）输入电压为6 V，尽量展宽输入电压范围，并保证20倍的电压放大倍数。

（2）产生足够大的输出电流，最大峰值电流达到500 mA以上，能够带动扬声器。

（3）采取有效手段，防止电源纹波噪声。

（4）不能产生交越失真，尽量保证信号的保真度。

（5）尽量提高电源的利用率。

四、设计框图

图3-3-1所示为实用小型功率放大器的设计框图。

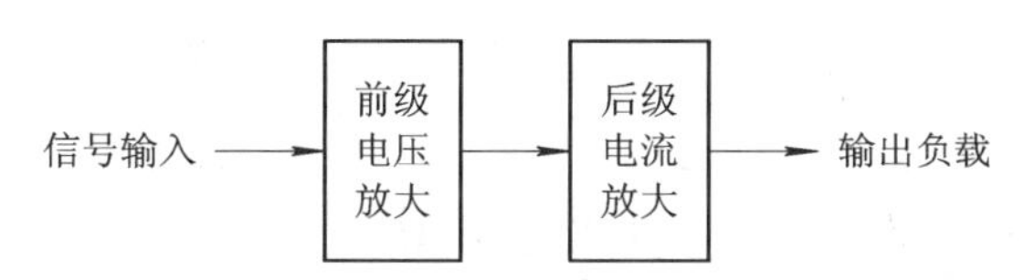

图3-3-1　实用小型功率放大器设计框图

五、设计内容

（1）选择电路形式，画出原理电路图。

（2）选择电路元器件的型号及参数，并列出材料清单。

（3）画出安装布线图。

（4）电路安装、调整与测试。

（5）撰写设计报告。

项目四 直流稳压电源

模块1 并联型直流稳压电源

学习内容：

(1) 直流稳压电源的基本组成。

(2) 整流、滤波电路的工作原理及输出电压的测试。

(3) 并联型稳压管稳压电路的工作原理及输出电压的测试。

学习问题：

(1) 直流稳压电源由哪几部分组成？各组成部分的功能是什么？

(2) 整流电路有几种类型？各有什么特点？为什么一般采用桥式整流？

(3) 滤波电路的作用是什么？滤波电路有几种类型？各有什么特点？

(4) 论分析桥式整流电路输出电压与输入电压的关系以及桥式整流加电容滤波电路输出电压与输入电压的关系，讨论整流二极管的选择应考虑哪些因素。

(5) 在电容滤波电路中，并联电容容量选择与负载大小是否有关？若有关系，则根据负载大小如何选择电容器？

(6) 单相桥式整流电路中有下列情况之一发生时，将会出现什么问题？

① 有一个二极管被击穿短路；

② 有一个二极管因一端虚焊而断路；

③ 有一个二极管正、负极性接反。

(7) 稳压二极管的伏安特性曲线有何特点？

学习要求：

(1) 掌握整流电路的工作原理、种类及应用。

(2) 掌握滤波电路的工作原理、种类及应用。

(3) 掌握稳压管稳压电路的工作原理及应用。

【模块任务】

任务1 整流、滤波、稳压电路的功能及器件的选用

(一) 任务要求

对直流稳压电源有整体性、结构性了解。

(二) 任务内容

(1) 了解直流稳压电源的组成和功能。

(2) 了解整流电路的工作原理和类型。

(3) 了解滤波电路的工作原理和类型。

(4) 了解稳压电路的工作原理和类型。

(三) 任务结论

根据测试与讨论的结果，写出实验研究报告(目的、原理及方法、数据测试、分析及总结)。

任务2　并联型稳压管稳压电路试验

(一) 任务要求

研究并联型稳压管直流稳压电源的特点和性能指标的测试方法。

(1) 了解单相桥式全波整流电路的工作原理。

(2) 了解电容滤波的特点。

(3) 了解并联型稳压管稳压电路的工作原理。

(二) 任务内容

1. 试验设备

并联型稳压管稳压电路的试验设备如表4-1-1所示。

表4-1-1　并联型稳压管稳压电路试验设备

设备名称	数 量	设备名称	数 量
调压器	1台	整流滤波试验板	1块
变压器(220 V/36 V)	1台	串联型稳压电源试验板	1块
示波器	1台	元件板	1块
万用表	1台		

2. 注意事项

(1) 正确识别调压器、变压器及其原副边接线端。

(2) 接通电源之前，调压器旋转手轮应左旋到底，以免将电源接通后，调压器输出电压过高，使后面变压器的输出电压超过18 V，损坏试验电路板。

(3) 测量电压时，u_2的值应用万用表交流电压挡测量，U_d的值应用万用表直流电压挡测量。

3. 试验步骤

1) 整流滤波电路

(1) 按图4-1-1所示接线：调压器的输出端接变压器220 V端，变压器的36 V端接整流滤波电路板的18 V电源输入端，将调压器旋转手轮左旋到底，使调压器的输出为零。

(2) 接通电源，将万用表并联于18 V电源端(交流50 V挡位)，缓慢右旋调压器手轮，直至万用表指示为18 V，整个试验中保持U_2=18 V不变。

(3) 根据图4-1-1，用万用表直流电压挡测量直流负载电压U_d，同时用示波器观察U_d的波形，均记入表4-1-2中。

(4) 比较u_2和U_d的值及波形。

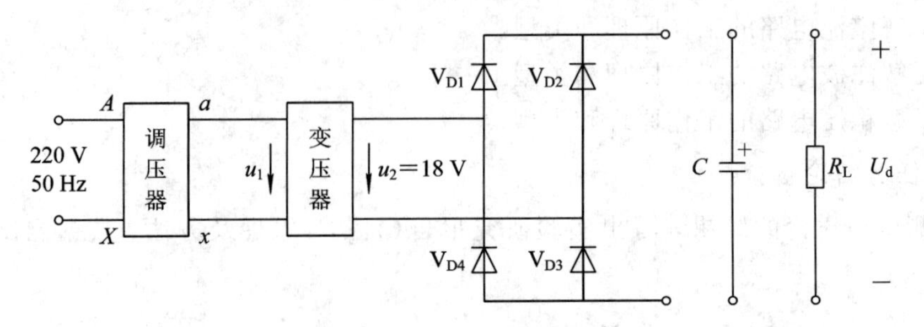

图 4-1-1　整流滤波电路图

表 4-1-2　单相桥式整流滤波电路测试数据

u_2的大小波形	电路条件		U_d	U_d 的波形
$U_2=18$ V 正弦波	无滤波电容	$R_L=2.0$ kΩ		
		$R_L=510$ Ω		
	有滤波电容	$R_L=2.0$ kΩ		
		$R_L=510$ Ω		

2）并联型直流稳压电路

(1) 按图 4-1-2 所示接线。

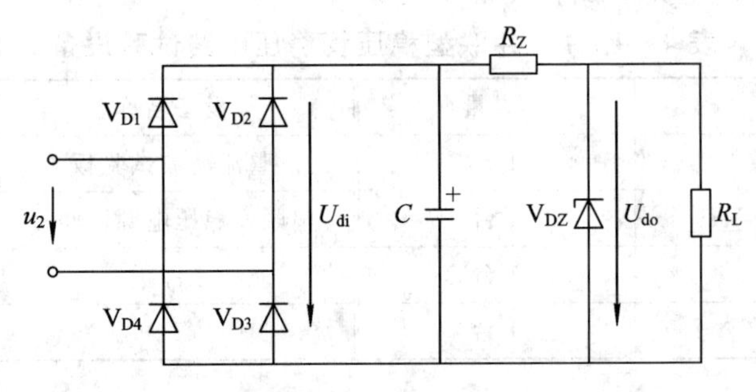

图 4-1-2　并联型直流稳压电源电路图

(2) 改变输入电压，观察稳压效果($R_L=2.0$ kΩ 保持不变)。

根据表 4-1-3，输入电压变化±10%，测量 U_{di}、U_{do}的值，并用示波器观察 U_{do}的波形，均记入表 4-1-3 中。

(3) 改变负载电阻，观察稳压效果($U_2=18$ V 保持不变)；根据表 4-1-3 测量 U_{di}、U_{do}的值，记入表 4-1-3 中。

(4) 去掉图 4-1-2 所示电路中的滤波电容，用示波器同时观察 U_{di}、U_{do}的波形。

表 4-1-3　并联型直流稳压电路测试数据

$R_L=2$ kΩ				$U_2=18$ V		
U_2	U_{di}	U_{do}	U_{do}波形	R_L	U_{di}	U_{do}
16.2 V				510 Ω		
18V				2 kΩ		
19.6 V						

（三）任务结论

根据测试与讨论的结果，写出实践研究报告(目的、原理及方法、数据测试、分析及总结)。

【模块理论指导】

1. 模块基本要求

掌握　滤波电路及并联型稳压管稳压电路的工作原理。

理解　整流电路的种类与工作原理。

了解　直流稳压电源的基本组成部分。

2. 模块重点和难点

重点　整流电路的分析、器件的选用，滤波电路的分析与器件的选用，稳压管稳压电路的分析与器件选用。

难点　整流、滤波和稳压电路器件的选用。

3. 模块知识点

1）单相整流电路

整流电路是利用二极管的单向导电性，将交流电变为单向脉动直流电。

常见的单相整流电路有半波整流电路、全波整流电路和桥式整流电路。

目前广泛采用整流桥组件代替四只二极管组成桥式整流电路。桥式整流电路输出电压的平均值为 $U_o=0.9U_2$，其中 U_2 为整流桥输入交流电压的有效值，即电源变压器二次电压的有效值。

2）滤波电路

整流电路将交流电变为脉动直流电，但其中含有大量的交流成分(称为纹波电压)。为了获得平滑的直流电压，应在整流电路的后面加接滤波电路，以滤去其交流成分。

为了消除脉动电压的纹波电压需要采用滤波电路，单相小功率直流电源常采用电容滤波。在桥式整流电容滤波电路中，当 $R_LC\geqslant(3\sim5)T/2$(T 为输入交流电压的周期)时，输出电压 $U_o\approx1.2U_2$。由于桥式整流电路中流过每个二极管的平均电流 $I_D=\frac{U_o}{2R_L}$，每个二极管承受的最高反向电压为$\sqrt{2}U_2$，所以要求二极管的 $I_F\geqslant(2\sim3)I_D$，$U_{RM}\geqslant\sqrt{2}U_2$。

常见的滤波方式还有电感滤波、复式 π 型滤波电路等。

【归纳与总结】

学生在任务总结的基础上，写出对模块 1 中知识总的认识和体会。

模块 2　串联型直流稳压电源

学习内容：

串联型直流稳压电源的工作原理及相关参数测量。

学习问题：

(1) 串联型稳压电路由哪几部分组成？各组成部分的作用如何？

(2) 简述串联型直流稳压电路的稳压原理。

(3) 在下列几种情况下，可选用什么型号的三端集成稳压器？

① $U_O=\pm15$ V，R_L 最小值为 20 Ω；② $U_O=\pm5$V，最大负载电流 $I_{Omax}=350$ mA；③ $U_O=-12$ V，输出电流范围 $I_O=10\sim80$ mA。

(4) 直流稳压电源有哪些质量参数？

(5) 如何测量直流稳压电源的性能参数？

学习要求：

掌握串联型直流稳压电源的工作原理及相关参数测量。

【模块任务】

任务 1　串联型稳压电源的组装

(一) 任务要求

了解串联型调压管稳压电路的工作原理。

(二) 任务内容

1. 试验设备

串联型稳压电路的试验设备如表 4-2-1 所示。

表 4-2-1　串联型稳压电路试验设备

设备名称	数量	设备名称	数量
调压器	1 台	整流滤波试验板	1 块
变压器(220 V/36 V)	1 台	串联型稳压电源试验板	1 块
示波器	1 台	元件板	1 块
万用表	1 台		

2. 注意事项

(1) 正确识别调压器、变压器及其原副边接线端。

(2) 接通电源之前，调压器旋转手轮应左旋到底，以免将电源接通后，调压器输出电压过高，使后面变压器的输出电压超过 18 V，损坏试验电路板。

(3) 测量电压时，u_2 的值应用万用表交流电压挡测量，U_d 的值应用万用表直流电压挡测量。

3. 试验步骤

(1) 按图 4-2-1 所示接线，将图(a)的输出端接图(b)的输入端，构成完整的串联型稳压电路。

(2) 根据表 4-2-1，用万用表直流电压挡测量电压值，并记入表 4-2-2 中。

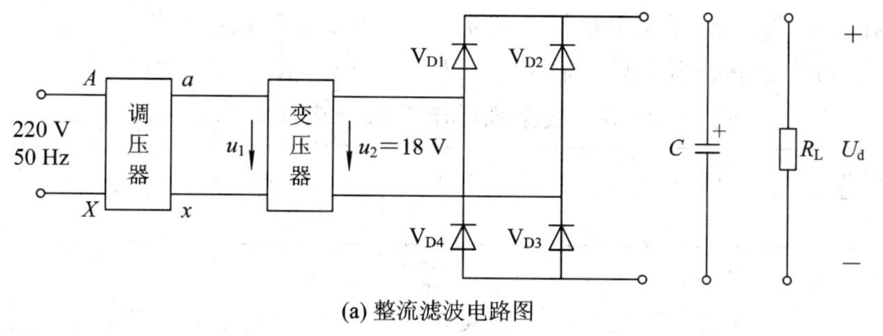

(a) 整流滤波电路图

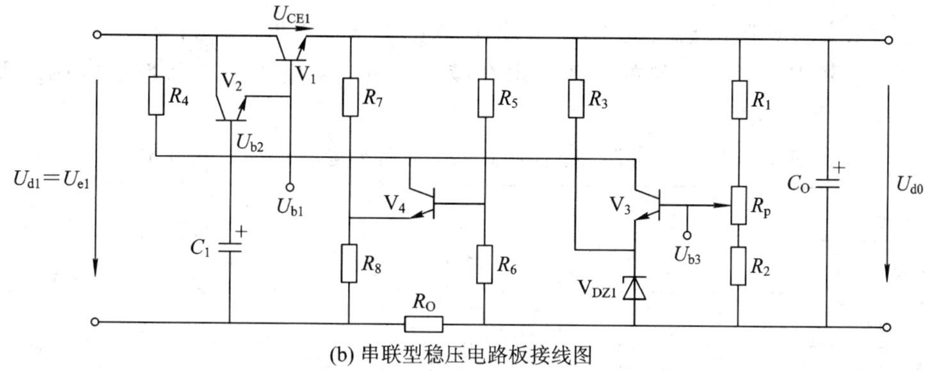

(b) 串联型稳压电路板接线图

图 4-2-1　串联型稳压电源电路图

表 4-2-2　串联型直流稳压电路测试数据

给定条件		U_{b2}	U_{b3}	U_{ce1}	U_{do}	U_{di}
不接负载电阻	R_p左旋到底					
	R_p右旋到底					
R_L=510 Ω	R_2适当				12 V	

(三) 任务结论

根据测试与讨论的结果，写出实验研究报告(目的、原理及方法、数据测试、分析及总结)。

任务 2　串联型稳压电源的测试

(一) 任务要求

(1) 串连型直流稳压电源的特点和性能指标的测试方法。

(2) 学会使用电子测量仪器进行电路的统调。

(3) 掌握直流稳压电源主要技术指标的测试方法(包括稳压系数、输出电阻、最小输入电压、输出噪声电压等)。

(二) 任务内容

1. 直流稳压电源输出电压调节范围的测试

首先接入直流电压。交流电经整流滤波后接入到如图 4-2-1(b)所示的串联稳压电路上，先不接负载电阻 R_L 进行空载检查测试，把电位器 R_p 打到中间位置，此时用数字万用表测量应有输出电压 U_O，然后调节取样电位器 R_p 打到最低位置，测出输出电压 U_{Omax}，再把取样电位器 R_p 打到最高位置，测出输出电压 U_{Omin}，记入表 4-2-3 中。

表 4-2-3 直流稳压电源输出电压调节范围

取样电位器 R_p	最低位置	最高位置	直流电压调节范围	
输出电压 U_O				

2. 直流稳压电源输出电阻与电流调整率的测试

将图 4-2-1(b)所示串联稳压电路的取样电位器 R_p 打到中间位置，接上负载电阻 R_L，用数字万用表测出此时的输出电压，然后把负载电阻从最大值开始逐渐减小，一直减小到使输出电压下降 10%为止，测量负载电阻在减小过程中，输出电压与输出电流的变化关系，记入表 4-2-4 中。

表 4-2-4 直流稳压电源输出电阻与电流调整率的测试

负载电阻 R_L	∞							
输出电压 U_O								
输出电流 I_O								
最大输出电流 I_{Omax}			电流调整率 S_I			输出电阻 R_O		

说明：本测试电路具有过载保护功能，最大输出电流 I_{Omax} 定义为：输出电压下降为额定输出电压 10%时的电流。电流调整率 S_I 定义为：当输入电压及温度不变时，输出电流 I_O 从零变到最大时，输出电压的相对变化量，即

$$S_I = \frac{\Delta U_O}{U_O} \times 100\% \Bigg|_{\substack{\Delta I_O = I_{Omax} \\ \Delta T = 0}}$$

输出电阻 R_O 定义为：当输入电压和温度不变时，因 R_L 变化，导致负载电流变化了 ΔI_O，相应的输出电压变化了 ΔU_O，两者比值的绝对值称为输出电阻 R_O，即

$$R_O = -\frac{\Delta U_O}{\Delta I_O} \Bigg|_{\substack{\Delta U_I = 0 \\ \Delta T = 0}}$$

3. 直流稳压电源输出电压调节率的测试

将图 4-2-1(b)所示串联稳压电路的取样电位器 R_p 打到中间位置，接上 1 kΩ 的负载电阻，用数字万用表测出此时的输出电压，然后把输入电压改变 10%，再测出此时的输出电压，记入表 4-2-5 中。

表 4-2-5 直流稳压电源电压调整率的测试

U_I		$U_I + 10\%$		电压调整率	
U_O		$U_O + 10\%$			

说明：电压调整率S_U定义为：负载电流I_O及温度T不变，而输入电压U_I变化10%时，输出电压U_O的相对变化量$\Delta U_O/U_O$与输入电压变化量ΔU_I之比值，即

$$S_U=\frac{\Delta U_O/U_O}{\Delta U_I}\times 100\%\Bigg|_{\substack{\Delta I_O=0\\ \Delta T=0}}$$

4. 直流稳压电源输出纹波电压及纹波抑制比的测试

如图4-2-1(b)所示的串联稳压电路，保持输入电压U_I不变，在额定输出电压、额定输出电流的情况下，用示波器测出整流前输入的纹波电压峰峰值U_{IPP}，同时测出输出电压中纹波电压的峰峰值U_{OPP}(注意此时示波器的输入为“交流”)，记入表4-2-6中。

表4-2-6　直流稳压电源纹波电压及纹波抑制比的测试

输入纹波电压U_{IPP}		输出纹波电压U_{OPP}	
纹波抑制比S_R			

说明：纹波电压是指叠加在直流输出电压U_O上的交流电压，通常用有效值或峰值表示。在前面一个模块测试中已经知道，电容滤波电路中，负载电流越大，纹波电压也越大，因此，纹波电压应在额定输出电流情况下测出。

纹波抑制比S_R定义为稳压电路输入纹波电压峰值U_{IPP}与输出纹波电压峰值U_{OPP}之比，并用对数表示，即

$$S_R=20\ \lg\frac{U_{IPP}}{U_{OPP}}\quad (\text{dB})$$

通过测试，可以得到这样的结果：交流电经过整流滤波后再经过稳压，输出电压的稳定性大大提高，不管是交流电源变化或者负载发生变化，只要这些变化在一定的许可范围内，都可以使输出基本保持不变。这说明稳压电路具有对电压的稳定能力，所以直流稳压电源可以满足实际的需要。同时在对直流稳压电源进行指标测试中，可了解到如何对直流稳压电源的性能指标进行测试和评价。一个好的直流稳压电源，应该有较小的输出电阻、电压调整率、电流调整率、纹波电压以及较大的纹波抑制比。

根据图4-2-1(b)所示的串联稳压电路，具体分析稳压电路的稳压过程及输出电压的调节过程。

(三) 任务结论

根据测试与讨论的结果，写出实践研究报告(目的、原理及方法、数据测试、分析及总结)。

【模块理论指导】

1. 模块基本要求

掌握　直流电源的整体电路分析。

理解　串联稳压电路的分析。

了解　直流电源相关参数的测试方法。

2. 模块重点和难点

重点　串联稳压电路分析，测试直流电源的性能参数。

难点　测试直流电源的性能参数。

3. 模块知识点

稳压电路用来在交流电源电压波动或负载变化时稳定直流输出电压。采用三极管作为调整管并与负载串联的稳压电路称为串联型晶体管稳压电路，当调整管工作在线性放大状态时则称为线性稳压器。

串联型稳压电路组成如图 4-2-2 所示。图中，V_1为调整管，作为电压调节元件，其压降 U_{CE}随基极电流 I_{B1}的增大（或减小）而减小（或增大）；R_3和稳压管 V_2组成基准电源，为集成运放 A 的同相输入端提供基准电压 U_Z；R_1、R_2和 R_p组成取样电路，取出输出电压的一部分反馈到集成运放的反相输入端；集成运放 A 构成比较放大电路，用来对取样电压与基准电压的差值进行放大。

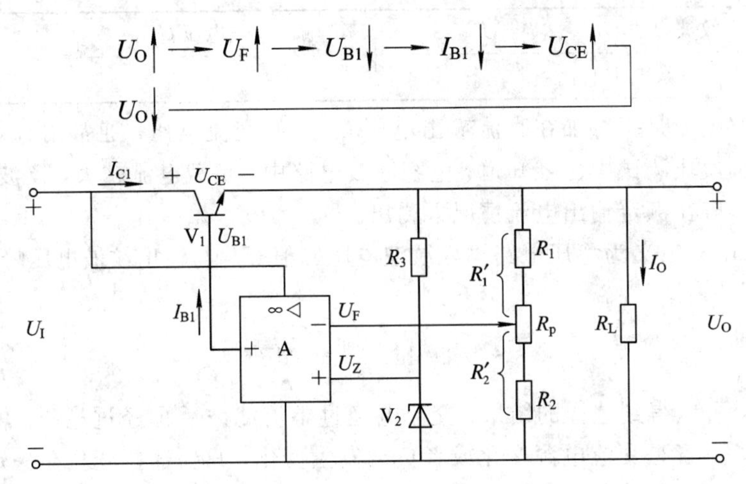

图 4-2-2　串联型稳压电路组成

当输入电压或负载变化时，输出电压 U_O将会跟随变化，如 U_O增大，则电路的稳压过程如下：

当 U_O 减小时，电路的稳压过程与上面相反。

根据运放的"虚短"概念，可知

$$U_F \approx \frac{U_O R_2'}{R_1 + R_2 + R_p} \approx U_Z$$

则得

$$U_O = \frac{R_1 + R_2 + R_p}{R_2'} U_Z$$

可见，调节 R_p即可调节输出电压的大小。

【归纳与总结】

学生在任务总结的基础上，写出对模块 2 中知识总的认识和体会。

模块3　线性集成稳压器

学习内容:

线性集成稳压器的工作原理和特点。

学习问题:

(1) 线性稳压电源有哪些主要优点?

(2) CW7800系列与CW7900系列的三端固定输出稳压器有什么异同点? 如果用CW7800系列或CW7900系列稳压器组成输出电压可调的稳压电路是否可以?

(3) CW7800系列或CW7900系列的三端固定输出稳压器所得到的直流电源输出为正电压输出或负电压输出,如果要求有输出为正负电压输出,这里三端稳压器应该如何连接才能满足实际需要?

(4) 在集成稳压器的应用电路中,为什么要在输入端与输出端都并联一个小容量的电容器?

学习要求:

掌握线性集成稳压器的工作原理、特点及性能指标。

【模块任务】

任务1　线性集成稳压器的组装

(一) 任务要求

了解线性集成稳压器的工作原理和特点。

(二) 任务内容

电子技术的发展,使得电子电路从分立元件组成电路逐渐被集成电路所代替。同样,目前的直流稳压电源基本上采用集成稳压器,本任务主要研究其中的线性集成稳压器的使用。

按照图4-3-1所示在面包板上组装三端固定输出集成稳压器的使用电路。

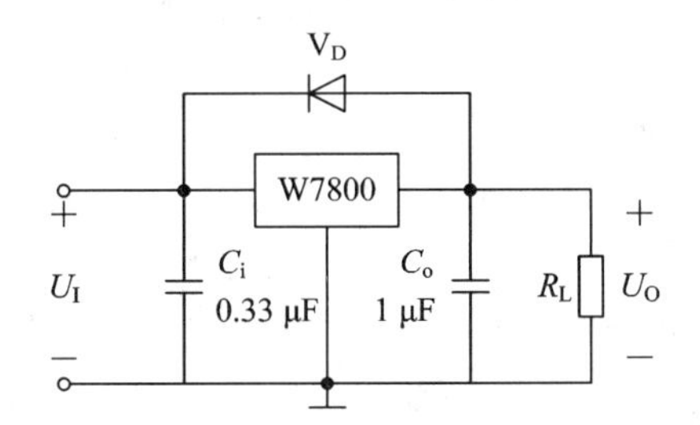

图4-3-1　三端固定输出集成稳压器的使用

(三) 任务结论

根据测试与讨论的结果,写出实践研究报告(目的、原理及方法、数据测试、分析及总结)。

任务 2　三端固定输出集成稳压器的使用与测试

(一) 任务要求

了解三端固定输出集成稳压器的使用和相关参数及其测量方法。

(二) 任务内容

交流电经过整流滤波后接入到如图 4-3-1 所示的三端固定输出集成稳压器上，先不接负载电阻 R_L 进行空载检查测试，用数字万用表测量输出电压 U_O，然后接上负载电阻 R_L，调节负载电阻的大小，测量输出电压与输出电流的变化情况(注意：在负载电阻变化时，不要让负载电流超过集成稳压器的最大输出电流)。把测量的结果记入表4-3-1中。

表 4-3-1　三端固定输出集成稳压器的使用

负载电阻 R_L	∞						
输出电压 U_O							
输出电流 I_O							
最大输出电流 I_{Omax}		电流调整率 S_I			输出电阻 R_O		

(三) 任务结论

根据测试与讨论的结果，写出实践研究报告(目的、原理及方法、数据测试、分析及总结)。

任务 3　三端可调输出集成稳压器的使用与测试

(一) 任务要求

了解三端可调输出集成稳压器的使用和相关参数及其测量方法。

(二) 任务内容

(1) 交流电经过整流滤波后接入到如图 4-3-2 所示的三端可调输出稳压器上，将电位器 R_p 打到适当位置，先不接负载电阻 R_L 进行空载检查测试，用数字万用表测量输出电压 U_O，然后接上负载电阻 R_L，调节负载电阻的大小，测量输出电压与输出电流的变化情况(注意：在负载电阻变化时，不要让负载电流超过集成稳压器的最大输出电流)。把测量的结果记入表 4-3-2 中。

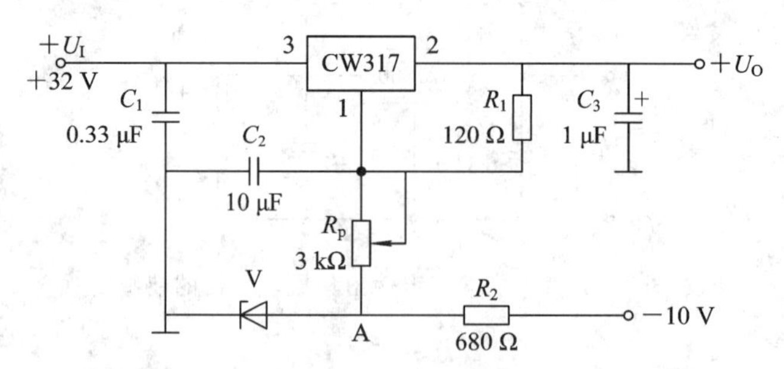

图 4-3-2　三端可调输出集成稳压器的使用(0～30 V 可调电路)

表 4-3-2　三端可调输出集成稳压器的使用

负载电阻 R_L	∞							
输出电压 U_O								
输出电流 I_O								
最大输出电流 I_{Omax}			电流调整率 S_I			输出电阻 R_O		

（2）如图 4-3-2 所示的三端可调输出集成稳压器，输出端不接负载电阻 R_L，调节可变电阻 R_p 到最小值，用数字万用表测量输出电压 U_{O1}，然后调节可变电阻到最大值，同样用数字万用表测量输出电压 U_{O2}。把测量结果记入表 4-3-3 中。

表 4-3-3　三端可调输出集成稳压器的调压

可变电阻 R_p	最小值	最大值	直流电压调节范围	
输出电压 U_O				

通过测试，可以得到这样的结果：交流电经过整流滤波后接到集成稳压器，其输出电压具有良好的稳定性，输出电阻很小。一般来说，CW7800 系列、CW7900 系列的集成稳压器为三端固定输出稳压器，CW117、CW127、CW137 为三端可调输出稳压器。型号不同，其输出电压与电流也不同，具体可参阅有关资料。

（三）任务结论

根据测试与讨论的结果，写出实践研究报告(目的、原理及方法、数据测试、分析及总结)。

任务 4　直流稳压电源保护电路的研究(EWB 仿真)

（一）任务要求

了解直流稳压电源的限流型和减流型保护电路。

（二）任务内容

1. 限流型保护电路的分析

限流保护的基本思路是当调整管电流超过一定限度时，对调整管的基极电流进行分流，以限制调整管的发射极电流不至于太大。如图 4-3-3(a)所示电路为具有限流保护的串联稳压电路，电阻 R_8 与晶体管 V_3 组成限流保护电路，正常工作电流的情况下，电流在 R_8 上产生的电压之和 U_{R8} 不足以使 V_3 管导通。当电流超过额定值后，V_3 管导通，将调整管 V_1 的基极电流分走一部分，削弱了负反馈作用。

如果输出电流增大，在 R_8 上的电压回到 V_3 管的电压使管子进入饱和状态，则使调整管处于截止状态，进而使输出电压和输出电流降到零。限流型保护电路的输出外特性曲线如图 4-3-4 所示。打开 EWB 仿真软件，画出图 4-3-3(a)所示的电路，接上可变负载，然后改变负载电阻的大小，测出负载电阻变化时的一组输出电压与输出电流，把测量结果记入表 4-3-4 中。

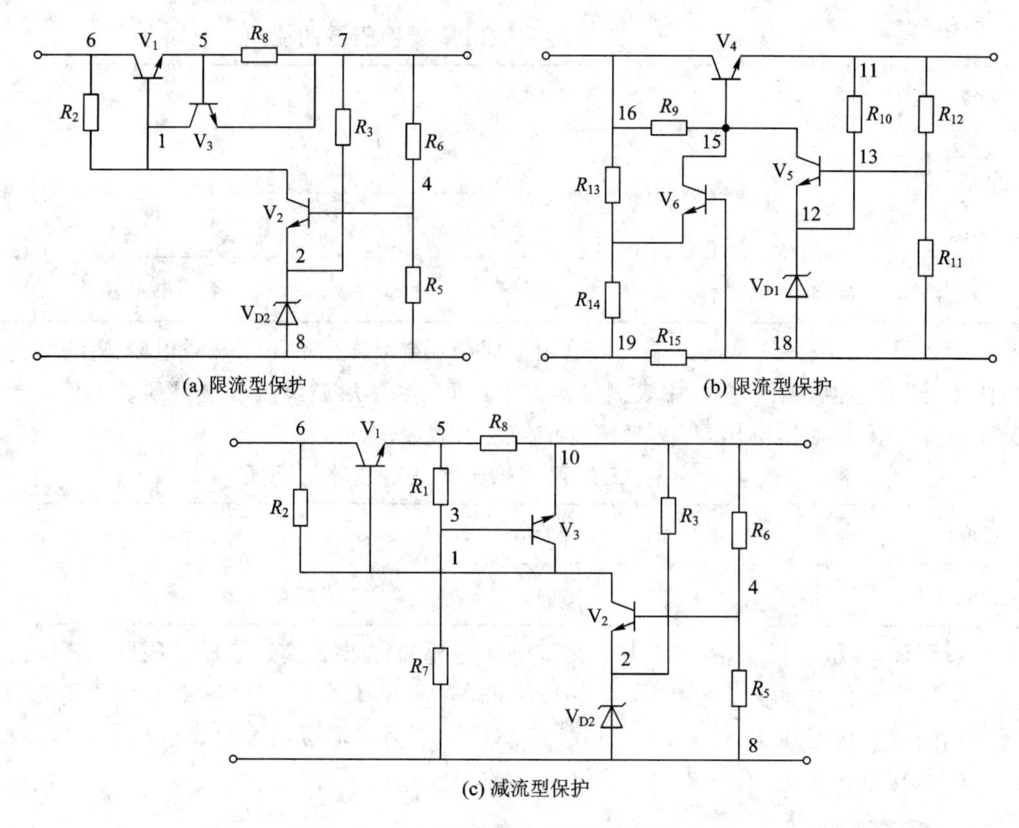

图 4-3-3　直流稳压电源保护电路的分析

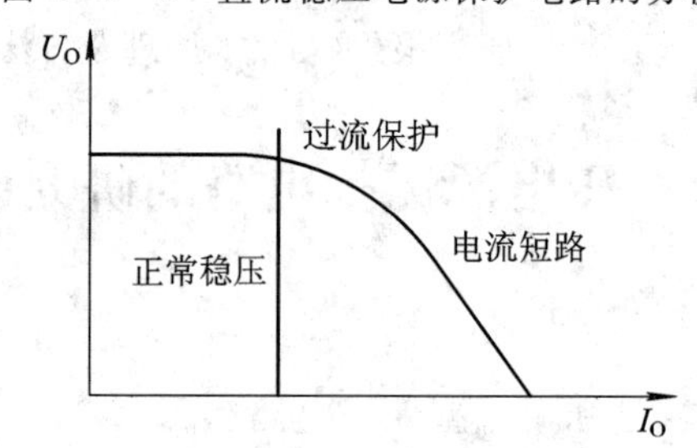

图 4-3-4　限流型保护电路的外特性

表 4-3-4　限流型保护电路分析

负载电阻 R_L	∞						
输出电压 U_O							
输出电流 I_O							

如图 4-3-3(b)所示电路也是具有限流保护的串联稳压电路，请读者自行分析。

2. 减流型保护电路的分析

减流保护的基本思路是当调整管电流超过一定限度时，保护电路开始起作用，使输出电压与输出电流都下降到接近于零。如图 4-3-3(c)所示电路为具有减流保护的串联稳压电路，电阻 R_1、R_7、R_8与晶体管 V_3组成减流型保护电路，正常工作电流的情况下，电流在 R_1 与 R_8上产生的电压之和不足以使 V_3管导通，当电流超过额定值后，V_3管导通，将调整管 V_1的基极电流分走一部分，削弱了负反馈作用，使输出电流即使在输出短路的情况下也不会太大，其外特性如图 4－3－5 所示。打开 EWB 仿真软件，画出如图 4－3－3(c)所示的电路，接上可变负载，然后改变负载电阻的大小，测出负载电阻变化时的一组输出电压与输出电流，把测量结果记入表 4－3－5 中。

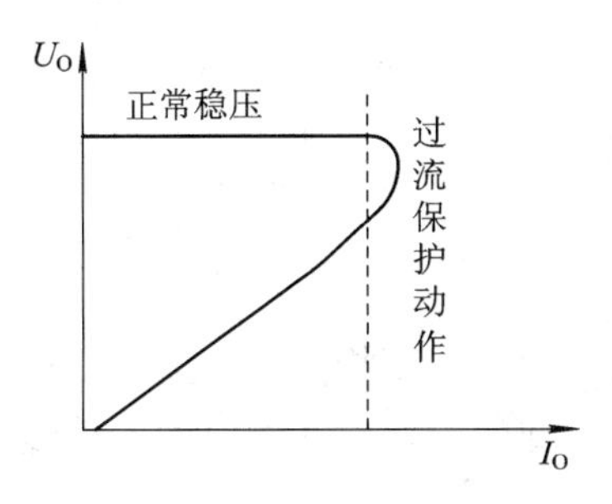

图 4－3－5　减流型保护电路的外特性

表 4－3－5　减流型保护电路分析

负载电阻 R_L	∞						
输出电压 U_O							
输出电流 I_O							

通过测试，可以得到如下结果：直流稳压电源如采用适当的保护电路，可以有效地控制电流不超过一定的范围，使稳压电路中调整管等元器件得到很好的保护。

3. 根据对电路的测试结果进行分析讨论

(1) 分析限流型保护电路与减流型保护电路对电路保护的基本思想方法。

(2) CW7805 三端集成稳压器内部有过流、过热和安全区的保护电路。尽管如此，由 CW7805 等元件组成的稳压电路输出端仍有可能发生过压的危险。为了确保负载的安全，图 4－3－6所示的直流稳压电源电路在集成块典型应用的基础上，又加了过压保护电路。请在图示的电路中找出过压保护电路的相关元器件，并简单说明该保护电路是如何保护的。

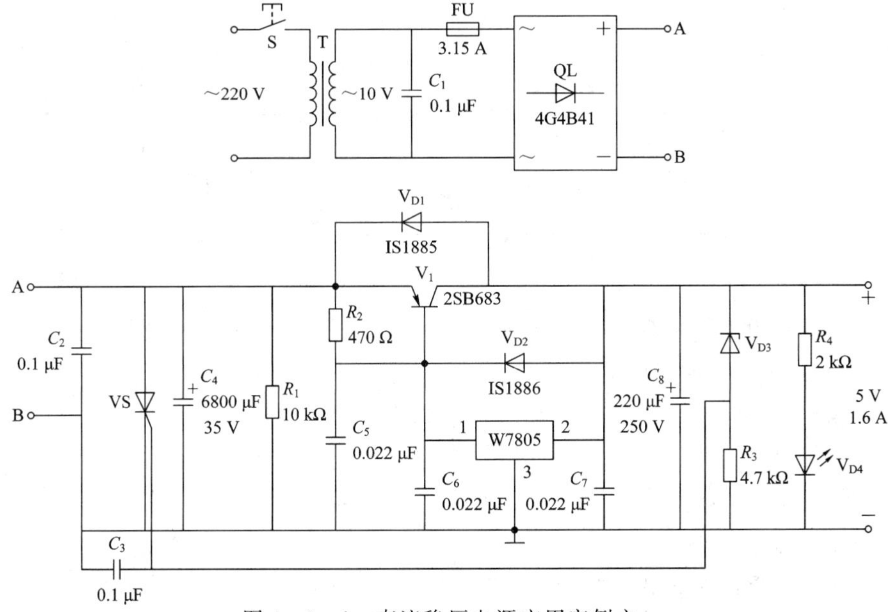

图 4－3－6　直流稳压电源应用实例之一

(三) 任务结论

根据测试与讨论的结果，写出实践研究报告(目的、原理及方法、数据测试、分析及总结)。

【模块理论指导】

1. 模块基本要求

掌握 线性集成稳压器的应用。

理解 直流稳压集成电路的功能和应用。

了解 直流稳压集成电路的性能参数，直流稳压电路的保护电路。

2. 模块重点和难点

重点 线性集成稳压器的应用电路，稳压集成电路的性能参数。

难点 直流稳压电路的应用。

3. 模块知识点

1) 三端固定输出集成稳压器

三端固定输出集成稳压器组成及工作原理与串联稳压电路基本相同，但集成稳压器具有完善的保护电路。CW7800 系列为正电源输出，例如 CW78H12 为+12 V 输出，最大输出电流为 5 A。CW7900 系列为负电源输出，例如 CW79M12 为-12 V 输出，最大输出电流为 0.5 A。CW7800 和 CW7900 系列有金属封装和塑料封装，它们的管脚排列不同，使用时应注意。

图 4-3-7 所示为 CW7800 系列三端稳压器的基本应用电路。该电路输出电压 $U_O=12$ V，最大输出电流为 1.5 A，要求$(U_I-U_O)\geqslant(2.5\sim3)$V，由 2 端流出的静态电流 $I_Q=(5\sim8)$mA。C_1 用以防止自激，抑制电源的高频干扰；C_2、C_3用以改善负载的瞬态响应，消除电路的高频噪声及防止自激；V_D 是保护二极管。

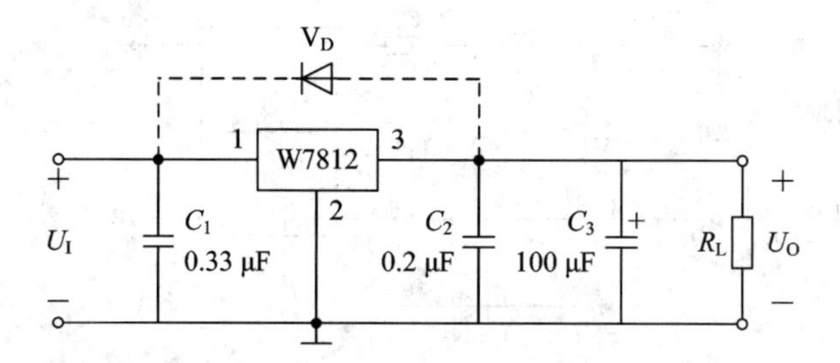

图 4-3-7 三端稳压器应用电路

CW7900 系列的接线与 CW7800 系列基本相同，不过电压极性相反。

2) 三端可调输出集成稳压器

三端可调输出集成稳压器是在三端固定输出集成稳压器的基础上发展起来的，集成片的输入电流几乎全部流到输出端，而流到公共端(ADJ)的电流非常小。

三端可调输出集成稳压器的典型产品 CW117/217/317 为正电源输出，CW137/237/337为负电源输出。

图 4-3-8 所示为 CW317 三端稳压器的基本应用电路。2-1 端之间的电压等于基准电压 $U_{REF}=1.25$ V，由 1 端流出的电流 $I_{REF}\approx50\ \mu$A 很小。图中，R_1、R_p构成取样电路，调

R_p可调节输出电压。输出电压U_O为

$$U_O=\frac{U_{REF}}{R_1}(R_1+R_2)+I_{REF}R_2\approx 1.25\left(1+\frac{R_2}{R_1}\right)$$

V_{D1}、V_{D2}为保护二极管，C_2用以减小输出纹波电压。

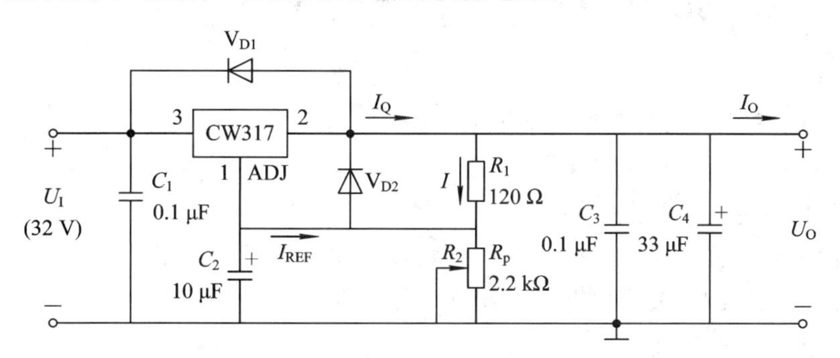

图 4-3-8　三端可调输出集成稳压电路

【归纳与总结】

学生在任务总结的基础上，写出对模块 3 中知识总的认识和体会。

模块 4　开关集成稳压器

学习内容：

开关集成稳压器的工作原理和特点。

学习问题：

(1) 开关稳压电源有哪些主要优点？

(2) 为什么开关稳压电源的效率比线性稳压电源高？

(3) 开关稳压电源主要由哪几部分组成？各部分的主要作用是什么？

学习要求：

掌握开关集成稳压器的工作原理、特点及性能指标。

【模块任务】

任务 1　固定输出开关集成稳压器的使用与测试

(一) 任务要求

了解固定输出开关集成稳压器的特点和性能指标的测试方法。

(二) 任务内容

交流电经过整流滤波后接入到如图 4-4-1 所示的固定输出开关集成稳压器上，先不接负载电阻 R_L 进行空载检查测试，用数字万用表测量输出电压 U_O，然后接上负载电阻 R_L，调节负载电阻的大小，测量输出电压与输出电流的变化情况(注意：在负载电阻变化时，不要让负载电流超过集成稳压器的最大输出电流)。把测量的结果记入表 4-4-1 中。

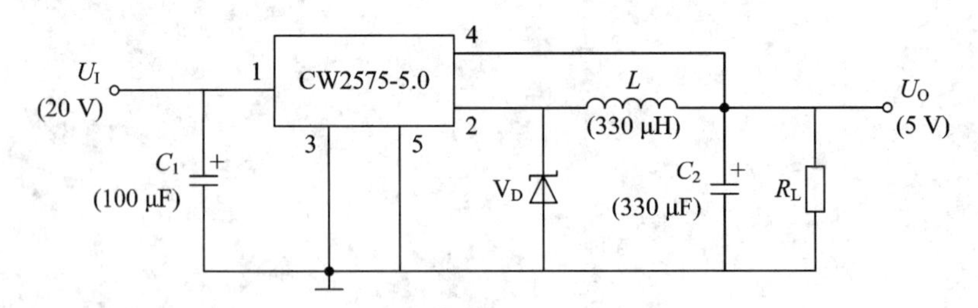

图 4-4-1　固定输出开关集成稳压器的应用电路

表 4-4-1　三端固定输出集成稳压器的使用

负载电阻 R_L	∞						
输出电压 U_O							
输出电流 I_O							
最大输出电流 I_{Omax}			电流调整率 S_I		输出电阻 R_O		

（三）任务结论

根据测试与讨论的结果，写出实践研究报告(目的、原理及方法、数据测试、分析及总结)。

任务2　可调输出开关集成稳压器的使用与测试

（一）任务要求

了解可调输出开关集成稳压器的特点和性能指标的测试方法。

（二）任务内容

交流电经过整流滤波后接入到如图4－4－2所示的可调输出开关集成稳压器上，将电位器R_p打到适当位置，先不接负载电阻R_L进行空载检查测试，用数字万用表测量输出电压U_O，然后接上负载电阻R_L，调节负载电阻的大小，测量输出电压与输出电流的变化情况(注意：在负载电阻变化时，不要让负载电流超过集成稳压器的最大输出电流)。把测量的结果记入表4－4－2中。

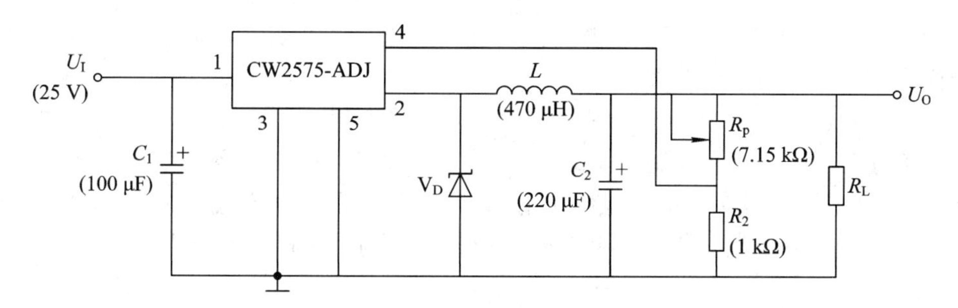

图4－4－2　可调输出开关集成稳压器的应用电路

表4－4－2　可调输出开关集成稳压器的使用

负载电阻 R_L	∞							
输出电压 U_O								
输出电流 I_O								
最大输出电流 I_{Omax}			电流调整率 S_I			输出电阻 R_O		

如图4－4－2所示的可调输出开关集成稳压器，输出端不接负载电阻R_L，调节可变电阻R_p到最小值，用数字万用表测量输出电压U_O，然后调节可变电阻到最大值，同样用数字万用表测量输出电压U_O。把测量结果记入表4－4－3中。

表4－4－3　可调输出开关集成稳压器的调压

可变电阻 R_i	最小值	最大值	直流电压调节范围	
输出电压 U_O				

（三）任务结论

根据测试与讨论的结果，写出实践研究报告(目的、原理及方法、数据测试、分析及总结)。

【模块理论指导】

1. 模块基本要求

掌握　开关集成稳压器的应用。

理解　直流稳压集成电路的性能参数。

了解　稳压集成电路的功能与应用；开关电源的工作原理。

2. 模块重点和难点

重点　集成稳压器的应用电路；开关电源的工作原理与特点。

难点　直流稳压电路的应用。

3. 模块知识点

1）开关稳压电源的特点

与线性稳压电路相比，开关稳压电路的特点是调整管工作在开关状态，调整管的功耗很小，故有效率高、体积小、重量轻、对电网电压要求不高（即稳压范围宽）等优点。其主要缺点是输出电压中纹波、噪声成分较大，调整管的控制电路比较复杂等。

2）开关稳压电源的基本工作原理

开关稳压电源的基本组成如图 4-4-3 所示，图中，V_1为开关调整管，V_{D2}为续流二极管，LC构成滤波器，R_1、R_2组成取样电路，控制电路由基准电压、误差放大器、电压比较器及信号发生器等组成。在控制电路的作用下，调整管 V_1工作在开关状态，将U_I变成矩形波，由于 V_{D2}的续流作用和LC的滤波作用，将其变为平稳的直流电压输出。输出电压通过取样电路反馈到控制电路，控制调整管的开通和关断时间，可自动调节输出电压的大小，实现稳压作用。

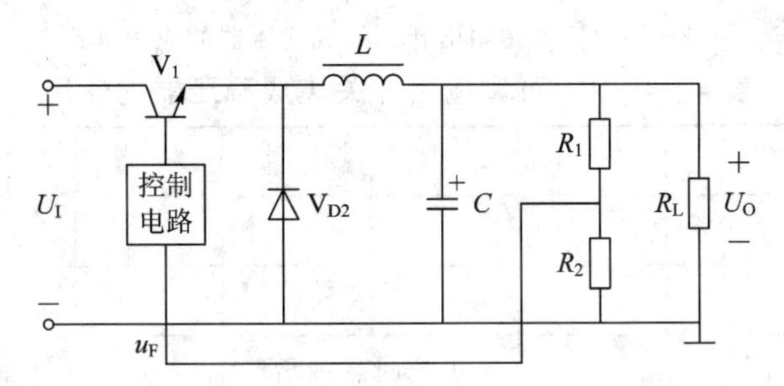

图 4-4-3　开关稳压电源原理电路

【归纳与总结】

学生在任务总结的基础上，写出对模块 4 中知识总的认识和体会。

模块5　实用可调压直流稳压电源

一、设计任务

本项目要求学生以分立元器件为主，设计并制作实用可调压直流稳压电源。

二、设计目的

(1) 较熟练地掌握电路元器件的选择方法。
(2) 锻炼根据设计要求设计出实用可调压直流稳压电源的能力。
(3) 锻炼读图能力。
(4) 根据电路图组装直流稳压电源，锻炼电子电路装接焊接技能。
(5) 调试直流稳压电源，锻炼故障检查能力。

三、设计要求

(1) 输入交流电压：220 V±10%，50 Hz。
(2) 输出直流电压：0～12 V 连续可调。
(3) 输出电流：≤300 mA。
(4) 电压调整率：≤10 mV。
(5) 内阻：<0.1 Ω。
(6) 纹波电压峰值：<5 mV。
(7) 具有可复位的过载保护电路。

四、设计框图

图 4-5-1 所示为实用可调压直流稳压电源的设计框图。

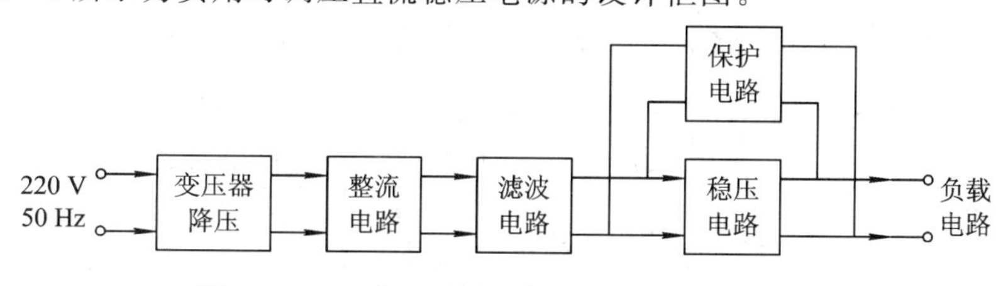

图 4-5-1　实用可调压直流稳压电源设计框图

五、设计内容

(1) 选择电路形式，画出原理电路图。
(2) 选择电路元器件的型号及参数，并列出材料清单。
(3) 画出安装布线图。
(4) 按安装布线图进行安装。
(5) 调整与测试(参照模块二和模块三，自行设计测试内容并进行测试)。
(6) 撰写设计报告。

模块 6　实用多路输出直流稳压电源

一、设计任务

本项目要求学生以集成稳压器为主，设计并制作实用多路输出直流稳压电源。

二、设计目的

(1) 较熟练地掌握电路元器件的选择方法。
(2) 根据设计要求设计出实用直流稳压电源。
(3) 根据电路图组装直流稳压电源。
(4) 调试直流稳压电源。

三、设计要求

(1) 输入交流电压：220 V±10%，50 Hz。
(2) 输出直流电压：±12 V，+5 V。
(3) 输出电流：0～1.5 A。
(4) 电压调整率：≤10 mV。
(5) 内阻：<0.1 Ω。
(6) 纹波电压峰值：<5 mV。

四、设计框图

图 4-6-1 所示为实用多路输出直流稳压电源的设计框图。

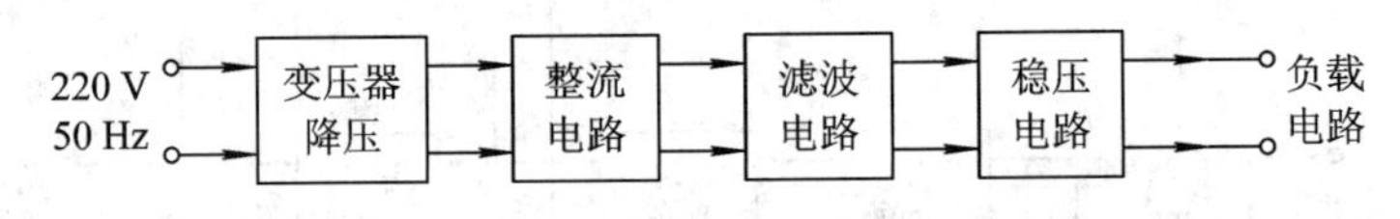

图 4-6-1　实用多路输出直流稳压电源设计框图

五、设计内容

(1) 选择电路形式，画出原理电路图。
(2) 选择电路元器件的型号及参数，并列出材料清单。
(3) 画出安装布线图。
(4) 按安装布线图进行安装。
(5) 调整与测试(参照模块二和模块三，自行设计测试内容并进行测试)。
(6) 撰写设计报告。

下篇　数字电子技术应用

项目五　逻辑门电路功能测试及简单应用

模块1　逻辑代数基础知识

学习内容：

(1) 数制和码制。

(2) 基本逻辑运算(与、或 、非)和较复杂的逻辑运算(与非、或非、与或非、同或、异或等)的真值表、逻辑表达式、逻辑符号及逻辑功能。

(3) 逻辑函数的表示方法及相互转换。

(4) 逻辑函数的公式化简法和卡诺图化简法。

学习问题：

(1) 基本逻辑运算有哪些？导出的逻辑运算有哪些？各自的逻辑功能是什么？

(2) 什么叫真值表？它有什么用处？试列出四变量的真值表。

(3) 一个逻辑函数的真值表是否是唯一的？为什么？

(4) 如何由真值表得到逻辑函数表达式？

(5) 如何由逻辑表达式画出能实现此功能的逻辑图？

(6) 实现一个确定逻辑功能的逻辑电路是否是唯一的？

(7) 求逻辑函数的反函数有哪几种方法？

(8) 逻辑函数化简有什么实际意义？什么是标准与或表达式？什么是最简与或表达式？

(9) 什么是最小项和相邻最小项？

(10) 卡诺图化简法中，合并1方格的原则是什么？

(11) 什么是无关项？它在化简逻辑函数时有何意义？

(12) 和公式法化简相比，卡诺图化简法的优点和缺点是什么？

学习要求：

(1) 掌握二进制、十进制、十六进制数及相互转换；了解8421BCD码的含义。

(2) 掌握三种基本逻辑运算和导出的逻辑运算的符号、表达式及逻辑功能。

(3) 掌握逻辑代数的基本定律和基本公式。

(4) 掌握逻辑函数四种常用的表示方法（真值表、逻辑式、卡诺图和逻辑图）及它们之间的相互转换。

(5) 掌握逻辑函数的化简方法：公式法和卡诺图。

【模块任务】

任务 1　与逻辑功能测试

(一) 任务要求

测试与逻辑功能。

(二) 任务内容

按图 5-1-1 所示连接电路，开关 A、B 的状态如表 5-1-1 所示(其中“1”表示开关闭合，“0”表示开关打开)，将相应的发光二极管的状态记入表 5-1-1 中(亮记做“1”，灭记做“0”)。

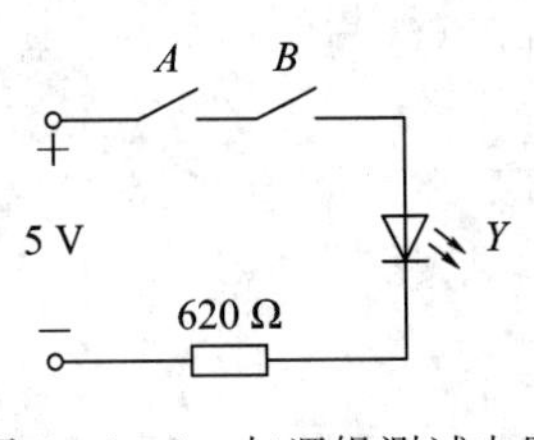

图 5-1-1　与逻辑测试电路

表 5-1-1　与逻辑真值表

A	B	Y
0	0	
0	1	
1	0	
1	1	

(三) 任务结论

根据测试与讨论的结果，写出实践研究报告(目的、原理及方法、数据测试、分析及总结)。

任务 2　或逻辑功能测试

(一) 任务要求

测试或逻辑功能。

(二) 任务内容

按图 5-1-2 所示连接电路，开关 A、B 的状态如表 5-1-2 所示(其中“1”表示开关闭合，“0”表示开关打开)，将相应的发光二极管的状态记入表 5-1-2 中(亮记做“1”，灭记做“0”)。

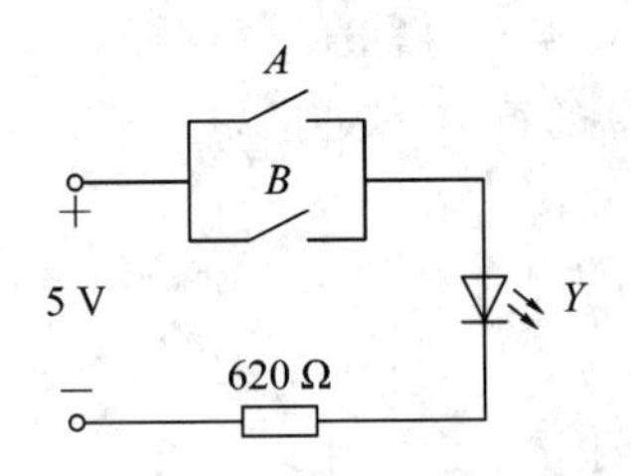

图 5-1-2　或逻辑测试电路

表 5-1-2　或逻辑真值表

A	0	0	1	1
B	0	1	0	1
Y				

(三) 任务结论

根据测试与讨论的结果，写出实践研究报告(目的、原理及方法、数据测试、分析及总结)。

任务 3　非逻辑功能测试

（一）任务要求

测试非逻辑功能。

（二）任务内容

按图 5－1－3 所示连接电路，开关 A 的状态如表 5－1－3 所示(其中“1”表示开关闭合，“0”表示开关打开)，将相应的发光二极管的状态记入表 5－1－3 中(亮记做“1”，灭记做“0”)。

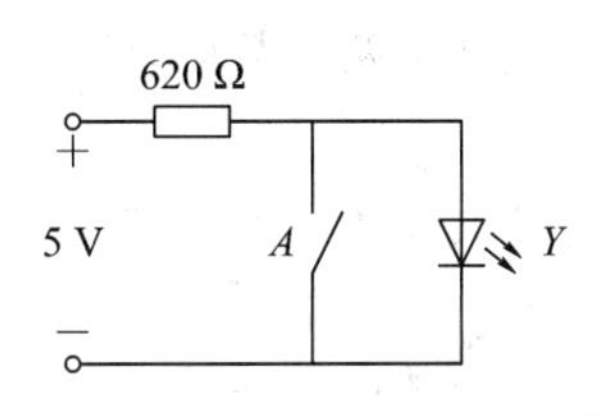

图 5－1－3　非逻辑测试电路

表 5－1－3　非逻辑真值表

A	Y
1	
0	

（三）任务结论

根据测试与讨论的结果，写出实践研究报告(目的、原理及方法、数据测试、分析及总结)。

【模块理论指导】

1. 模块基本要求

掌握　常用数制的特点及其相互转换方法；逻辑函数的基本定律和基本公式；逻辑函数的几种表示方法及其相互转换；逻辑函数的化简方法。

理解　常用的 BCD 码；最小项、相邻项、无关项的含义。

了解　可靠性代码、最大项的概念。

2. 模块重点和难点

重点　二进制、八进制、十进制和十六进制数及其相互转换；基本逻辑运算、常用公式和定理；逻辑函数的四种表示方法(真值表、逻辑式、逻辑图和波形图)及其相互转换的方法；最小项的定义及其性质，逻辑函数最小项之和的表示方法；逻辑函数的化简方法(公式法和四变量及以下逻辑函数的卡诺图化简法)。

难点　逻辑函数的公式法化简。

3. 模块知识点

1）数字信号和数字电路

数字信号是指在幅值上和时间上均是断续变化的离散信号，也称为脉冲信号。

数字电路是指用于对数字信号进行传递、加工和处理的电路。数字电路主要研究输出信号与输入信号之间的逻辑关系，具有逻辑运算和分析判断的功能，所以数字电路通常又称为逻辑电路。

2）数字电路的特点

数字电路的主要特点如下：

(1) 输入、输出信号均为脉冲信号；

(2) 三极管工作在开关状态；

(3) 研究的目的是了解输出与输入之间的逻辑关系，而不是大小和相位的关系；

(4) 分析和设计数字电路的主要工具是逻辑代数；

(5) 便于高度集成化，可靠性高，抗干扰能力强，便于长期保存，保密性好。

3) 数制和码制

(1) 数制。数制即计数进位制的简称。它包括以下几种：

① 十进制：日常生活和生产中最常用的数制，它的每一位可用 0～9 十个数码表示，基数为 10，每一位的权为 10 的 n 次幂，计数规则为“逢十进一、借一当十”。

② 二进制：数字电路中使用最广泛的数制，仅有 0 和 1 两个数码，基数为 2，每一位的权为 2 的 n 次幂，计数规则为“逢二进一、借一当二”。

③ 八进制：共有 0～7 八个数码，基数为 8，每一位的权为 8 的 n 次幂，计数规则为“逢八进一、借一当八”。

④ 十六进制：共有 0～9、A、B、C、D、E、F 十六个数码，基数为 16，每一位的权为 16 的 n 次幂，计数规则为“逢十六进一、借一当十六”。

(2) 数制转换。

① 二进制、八进制、十六进制数转换为十进制数：将二进制、八进制、十六进制数按各自的权展开相加，即得相应的十进制数。

② 十进制数转换为二进制、八进制、十六进制数。

· 十进制数转换为二进制数：整数部分采用连续“除 2 取余法”，小数部分则采用连续“乘 6 取整法”。

· 十进制数转换为八进制数：整数部分采用连续“除 8 取余法”，小数部分则采用连续“乘 8 取整法”。

· 十进制数转换为十六进制数：整数部分采用连续“除 16 取余法”，小数部分则采用连续“乘 16 取整法”。

③ 二进制数转换为八进制、十六进制数。

· 二进制数转换为八进制数：整数部分从低位到高位，每 3 位二进制数为一组，最后一组如不足 3 位，则在高位(左边)加 0 到 3 位为止；小数部分从高位到低位每 3 位二进制数为一组，最后一组如不足 3 位，则在低位(右边)加 0 到 3 位为止，然后将每组二进制数转换为八进制数。

· 二进制数转换为十六进制数：整数部分从低到高位每 4 位二进制数为一组，最后一组不足 4 位时，则在高位加 0 到 4 位为止；小数部分从高位到低位每 4 位二进制数为一组，最后一组如不足 4 位，则在低位(右边)加 0 到 4 位为止，然后将每组二进制数转换为十六进制数。

④ 八进制、十六进制数转换为二进制数。

· 八进制数转换为二进制数：把每位八进制数用 3 位进制数表示。

· 十六进制数转换为二进制数：把每位十六进制数用 4 位二进制数表示。

(3) 二进制代码。二进制代码是指把二进制数码按照一定的规则排列起来表示特定含义的代码。

① 二—十进制代码(BCD码)。把十进制数十个数码0～9用4位二进制数表示的代码，称为二—十进制代码，又称BCD码。BCD码分有权码和无权码两种。有权码每位二进制数都有固定的权值，如8421BCD码、5421BCD码和2421BCD码等；无权码每位二进制数没有固定的权值，如余3 BCD码。

② 可靠性代码。常用的可靠性代码有格雷码和奇偶校验码。

格雷码为无权码，它的特点是相邻代码间只有一位不同，其余各位都相同，从而减少了格雷码在转换和传输过程中引起的错误。

奇偶校验码由需要传输的信息码和一位校验位(其值为0或1)组成。在奇偶校验码中，信息码加校验位后，使1的个数为奇数。在偶校验码中，信息码加校验位后，使1的个数为偶数。采用奇偶校验码后，很容易发现信息在传输过程中出现的错误，以便及时纠正。

4) 逻辑函数

逻辑函数的所有变量和输出函数值只有两种对立状态，称为逻辑变量，它的取值只有0和1两种。

逻辑函数只有与、或、非三种基本运算，组合后可以实现比较复杂的逻辑关系，如与非、或非、与或非、异或及同或等。在数字电路中，能够实现这些运算关系的电路称为门电路。

各种门电路的逻辑符号、输出逻辑函数表达式、真值表和逻辑功能如表5-1-4所示。

表5-1-4　各种门电路符号、表达式及功能比较

名 称	逻辑符号	逻辑表达式	真值表	逻辑功能
与门	Y & A B	$Y=AB$	输入 | 输出 A B | Y 0 0 | 0 0 1 | 0 1 0 | 0 1 1 | 1	有0出0 全1出1
或门	Y ≥1 A B	$Y=A+B$	输入 | 输出 A B | Y 0 0 | 0 0 1 | 1 1 0 | 1 1 1 | 1	有1出1 全0出0
非门	Y 1 A	$Y=\overline{A}$	输入 | 输出 A | Y 0 | 1 1 | 0	入0出1 入1出0
与非门	Y & A B	$Y=\overline{AB}$	输入 | 输出 A B | Y 0 0 | 1 0 1 | 1 1 0 | 1 1 1 | 0	有0出1 全1出0

续表

名称	逻辑符号	逻辑表达式	真值表	逻辑功能
或非门	Y ≥1 A　B	$Y=\overline{A+B}$	输入 A B／输出 Y 0 0 1 0 1 0 1 0 0 1 1 0	有 1 出 0 全 0 出 1
与或非门	Y ≥1 & A　B　C　D	$Y=\overline{AB+CD}$	输入 AB CD／输出 Y 0 0 1 0 1 0 1 0 0 1 1 0	AB 有 0 且 CD 有 0 时，出 1； AB 全 1 或 CD 全 1 或 ABCD 全 1 时，出 0
异或门	Y =1 A　B	$Y=A\oplus B$	输入 A B／输出 Y 0 0 0 0 1 1 1 0 1 1 1 0	相同出 0 相异出 1
同或门	Y =1 A　B	$Y=A\cdot B$	输入 A B／输出 Y 0 0 1 0 1 0 1 0 0 1 1 1	相同出 1 相异出 0

5）逻辑函数中的基本公式、常用公式及规则

逻辑函数中的基本公式和定律见表 5-1-5。

表 5-1-5　逻辑函数中的基本公式和定律

名　称	基本公式和定律	对 偶 式	说　明
0—1 律	$0\cdot A=0$ $1\cdot A=A$	$1+A=1$ $0+A=A$	变量与常量运算
互补律	$A\cdot A=A$	$A+A=A$	
交换律	$A+B=B+A$	$A\cdot B=B\cdot A$	普通代数相似的定律
结合律	$(A+B)+C=A+(B+C)$	$(A\cdot B)\cdot C=A\cdot(B\cdot C)$	
分配律	$(A+B)(A+C)=A+BC$	$AB+AC=A\cdot(B+C)$	
还原律	$\overline{\overline{A}}=A$		逻辑代数的特殊定律
重叠律	$A\cdot A=A$	$A+A=A$	
德·摩根定律	$\overline{A\cdot B}=\overline{A}+\overline{B}$	$\overline{A+B}=\overline{A}\cdot\overline{B}$	
吸收律	$A+AB=A$　$A+\overline{A}B=A+B$	$A(A+B)=A$　$A(\overline{A}+B)=A\cdot B$	
消去律	$AB+\overline{A}C+BC=AB+A\overline{C}$	$(A+B)\cdot(\overline{A}+C)\cdot(B+C)$ $=(A+B)\cdot(A+\overline{C})$	

6）三个规则

（1）代入规则：任何一个含有变量 A 的逻辑等式，如果把所有出现 A 的位置用同一个逻辑函数式代替，则等式仍然成立。此规则可扩展基本公式。

（2）反演规则：对于任一个逻辑函数式 Y，若将其中的“·”（与）换成“+”（或），“+”（或）换成“·”（与），“0”换成“1”，“1”换成“0”，原变量换成反变量，反变量换成原变量，则得到函数 Y 的反函数 $\overline{Y}$。运用这个规则可以求出逻辑函数的反函数，有利于逻辑函数的变换与化简。

（3）对偶规则：对于任一个逻辑函数 Y，若将其中的“·”（与）换成“+”（或），“+”（或）换成“·”（与），“0”换成“1”，“1”换成“0”，则得一个新的逻辑函数 Y'，称 Y 和 Y' 互为对偶式。两个相等函数式的对偶式也相等。

注意：利用反演规则和对偶规则时，要保持原式的运算次序；此外，利用反演规则求反函数时，凡是在两个或两个以上变量上面的非号应保持不变。

7）逻辑函数表达式的形式

一个逻辑函数式有多种表达形式，其基本形式有与或式、与非式、或与式、或非式和与或非式五种。表 5-1-6 中列出了逻辑函数 $Y=AB+\overline{AB}$ 的五种基本形式变换和逻辑图。

表 5-1-6　逻辑函数的五种基本形式变换和逻辑图

名 称	逻辑表达式的变换	逻 辑 图
与或表达式	$Y=AB+\bar{A}\bar{B}$	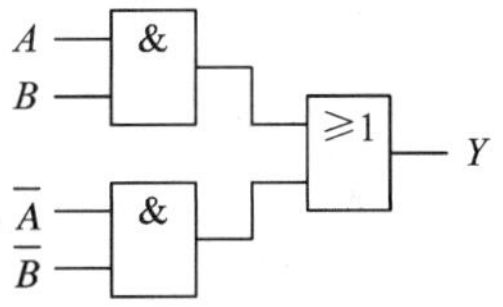 A, B → & ; $\bar{A}$, $\bar{B}$ → & ; → ≥1 → Y
与非表达式	$Y=AB+\bar{A}\bar{B}$ $=\overline{\overline{AB+\bar{A}\bar{B}}}$ $=\overline{\overline{AB}\cdot\overline{\bar{A}\bar{B}}}$	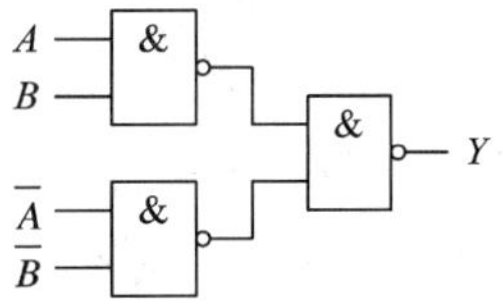 A, B → & ; $\bar{A}$, $\bar{B}$ → & ; → & → Y
与或非表达式	$Y=\overline{\overline{AB+\bar{A}\bar{B}}}$ $=\overline{(\bar{A}+\bar{B})(A+B)}$ $=\overline{\bar{A}B+A\bar{B}}$	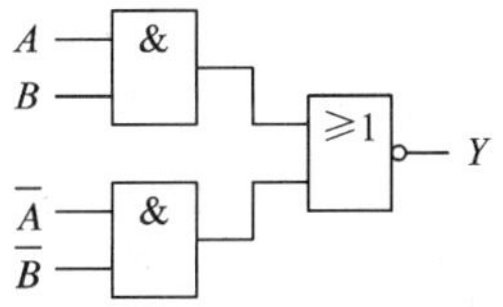 A, B → & ; $\bar{A}$, $\bar{B}$ → & ; → ≥1 → Y
或与表达式	$Y=\overline{\bar{A}B+A\bar{B}}$ $=(A+\bar{B})\cdot(\bar{A}+B)$	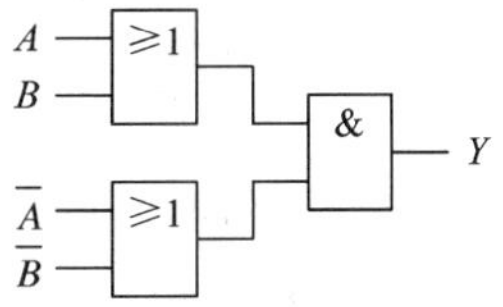 A, B → ≥1 ; $\bar{A}$, $\bar{B}$ → ≥1 ; → & → Y
或非表达式	$Y=(A+\bar{B})\cdot(\bar{A}+B)$ $=\overline{\overline{(A+\bar{B})\cdot(\bar{A}+B)}}$ $=\overline{\overline{(A+\bar{B})}+\overline{(\bar{A}+B)}}$	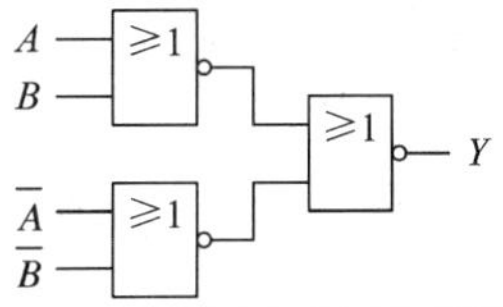 A, B → ≥1 ; $\bar{A}$, $\bar{B}$ → ≥1 ; → ≥1 → Y

8）逻辑函数的标准与或表达式

（1）最小项。若有 n 个逻辑变量，它们所构成的与项（乘积项）中包含全部变量，且每个变量均以原变量或反变量的形式在该与项(乘积项)中只出现一次，则该与项(乘积项)称为这 n 个变量的一个最小项。n 个变量共有 2^n 个最小项。

(2) 最小项的性质。最小项的主要性质如下：

① 对于任何一个最小项，只有一组变量取值使该最小项的值为 1，其余各组变量取值都使该最小项的值均为 0。

② 任意两个最小项之积必为 0。

③ 对于任一组变量取值，全体最小项的和为 1。

④ 若两个最小项中只有一个因子不同，且为同一变量的原变量和反变量，则这两个最小项为相邻最小项，简称相邻项。两个相邻项合并，可消去一个变量。

(3) 最小项的编号。使一 n 个变量的最小项取值为 1 的 n 位二进制数所对应的十进制数即为该最小项的编号，记做 m_i。如三变量 A、B、C 构成的一个最小项为 $A\overline{B}C$，若使其取值为 1，则 ABC 只有分别取值为 101，三位二进制数 101 所对应的十进制数为 5，所以 $A\overline{B}C$ 这个最小项的编号即为 5，记做 m_5。

(4) 标准与或表达式。若一个逻辑函数含有 n 个变量，此函数写成与或表达式，其中的每个与项都是这 n 个变量的一个最小项，则此表达式称为标准与或表达式，又称最小项表达式。

例如：

$$Y(A, B, C)=\overline{A}B\overline{C}+\overline{A}BC+AB\overline{C}+ABC$$

或写成：

$$Y(A, B, C)=m_2+m_3+m_6+m_7$$

还可写成：

$$Y(A, B, C)=\sum m(2,3,6,7)$$

式中，$\sum$ 为求和的数学符号。

9) 逻辑函数的代数化简法

(1) 最简与或表达式的标准。

① 逻辑函数式中与项(乘积项)的个数最少。

② 每个乘积项的变量数最少。

(2) 逻辑函数的代数化简法。此种方法是运用逻辑函数的基本公式来化简，它要求必须熟练、灵活地应用公式，且不易判断是否已经化简到最简形式。

10) 逻辑函数的卡诺图化简法

用卡诺图化简逻辑函数时，有确定的化简步骤和规则，可直观地判断化简结果是否为最简与或表达式。该方法适用于四变量及以下逻辑函数的化简。

(1) 卡诺图的结构：二变量、三变量及四变量的卡诺图如图 5-1-4 所示。

(2) 卡诺图的特点：n 个变量的卡诺图共有 2^n 个小方格，每个小方格是这 n 个变量的一个最小项；任意相邻的两个小方格所对应的最小项是两个相邻项；在卡诺图中，最上和最下方的方格相邻，最左和最右边的方格也相邻。

(3) 卡诺图相邻项合并的规律：两个相邻项合并时，消去一个变量；4 个相邻项合并时，消去 2 个变量；8 个相邻项合并时，消去 3 个变量；其余依此类推。

（4）用卡诺图化简逻辑函数的步骤。

① 画卡诺图。

② 填卡诺图。有最小项的方格填 1，没有最小项的方格填 0 或不填。

③ 合并相邻项。按 2、4、8……的规律（即 2^n 个）给相邻的 1 方格画包围圈，每个包围圈为与关系，包围圈尽量大，这样消去的变量数多，与项的变量少；已被圈过的 1 方格可重复利用，但新的包围圈必须有未被圈过的 1 方格。包围圈的个数尽量少，这样逻辑函数的与项最少。

④ 写出最简与或表达式。各个包围圈之间为或的关系。

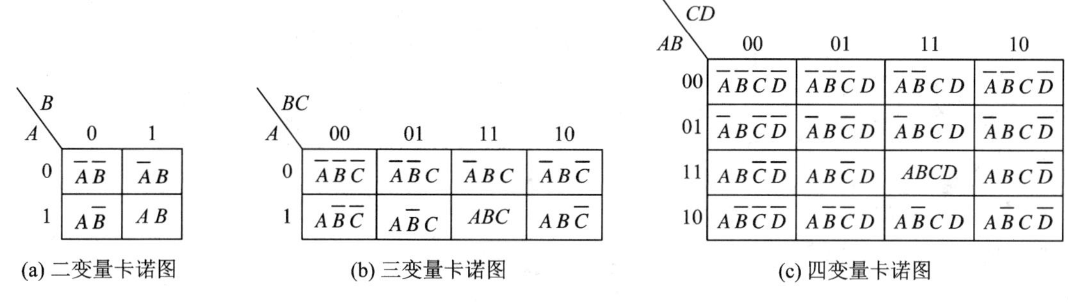

图 5-1-4　二变量、三变量及四变量的卡诺图

11）具有无关项的逻辑函数的化简

无关项包括两种情况：一是输入变量的某些取值组合不允许或不可能出现，它们所对应的最小项称为约束项；二是输入变量的某些取值组合不影响逻辑函数的有效取值，即不影响函数的逻辑功能，它们所对应的最小项称为随意项。约束项和随意项统称为无关项，通常用“d”表示，在卡诺图相应的最小项方格内填入“×”或“∅”。在利用卡诺图化简时，可随意地将无关项视为“0”或“1”，而使函数化简为最简形式。

12）逻辑函数的标准或与式

（1）最大项的定义。有 n 个逻辑变量，它们所构成的或项中包含全部变量，且每个变量以原变量或反变量仅出现一次，则该或项称为这 n 个逻辑变量的一个最大项。

（2）最大项的性质。

① 对于任一组变量取值，只有一个最大项的值为 0，其余各最大项的值均为 1；

② 对于任一组变量取值，任意两个最大项相加（或）恒为 1；

③ 对于任一组变量取值，全部最大项的积（与）为 0。

（3）最大项的编号。使一 n 个变量的最大项取值为 0 的 n 位二进制数所对应的十进制数即为该最大项的编号，记做 M_i。如三变量 A、B、C 构成的一个最大项为 $A+\overline{B}+\overline{C}$，若使其取值为 0，则 ABC 只有分别取值为 011，三位二进制数 011 所对应的十进制数为 3，所以 $A+\overline{B}+\overline{C}$ 这个最大项的编号即为 3，记做 M_3。

（4）标准或与表达式。若一个逻辑函数含有 n 个变量，此函数写成或与表达式，其中的每个或项都是这 n 个变量的一个最大项，则此表达式称为标准或与表达式，又称最大项表达式。

例如：

$$Y(A,\ B,\ C)=(A+\overline{B}+C)(A+\overline{B}+\overline{C})(\overline{A}+B+\overline{C})(\overline{A}+\overline{B}+\overline{C})$$

或写成：

$$Y(A, B, C)=M_2 \cdot M_3 \cdot M_5 \cdot M_7$$

还可写成：

$$Y(A, B, C)=\Pi M(2,3,5,7)$$

式中，Π为连乘的数学符号。

【归纳与总结】

学生在任务总结的基础上，写出对模块1中知识总的认识和体会。

模块 2　逻辑门电路功能测试

学习内容：

(1) 基本门电路和常用的复合门电路的逻辑符号、逻辑表达式及逻辑功能。

(2) TTL 与非门的外特性。

(3) 集电极开路门(OC 门)和三态门(TSL 门)的应用。

(4) TTL 门使用注意事项。

(5) CMOS 门电路的主要特点。

(6) TTL 电路和 CMOS 电路的接口电路。

学习问题：

(1) 在逻辑电路中，正、负逻辑是怎样规定的？

(2) 如将与非门、或非门和异或门作非门使用，它们的输入端应怎样连接？

(3) 三态门的逻辑功能是怎样的？有何用途？

(4) TTL 与非门闲置输入端的处理办法是什么？或非门呢？

(5) OC 门有什么逻辑功能？它有什么用途？

(6) 三态门的逻辑功能是什么？有何用途？

(7) 和 TTL 门电路相比，CMOS 门电路有什么优点？

学习要求：

(1) 掌握各种门电路的逻辑符号、逻辑表达式及逻辑功能。

(2) 掌握 TTL 与非门的外特性以及 OC 门和 TSL 门的用途。

(3) 了解 TTL 门的使用注意事项。

(4) 了解 CMOS 门电路的主要特点。

(5) 了解 TTL 电路和 CMOS 电路的接口电路。

【模块任务】

任务 1　二极管与门逻辑电路及功能测试

(一) 任务要求

测试与门逻辑功能。

(二) 任务内容

按图 5-2-1 所示连接电路，调节电位器 R_p，使 $U_I=3$ V，并按表 5-2-1 所示，将 U_I 分别接到 A、B 两点(注：A、B 为 0 时，A 端或 B 端必须接地)，用万用表测出相应的输出电压 Y，测量数据记入表 5-2-1 中。

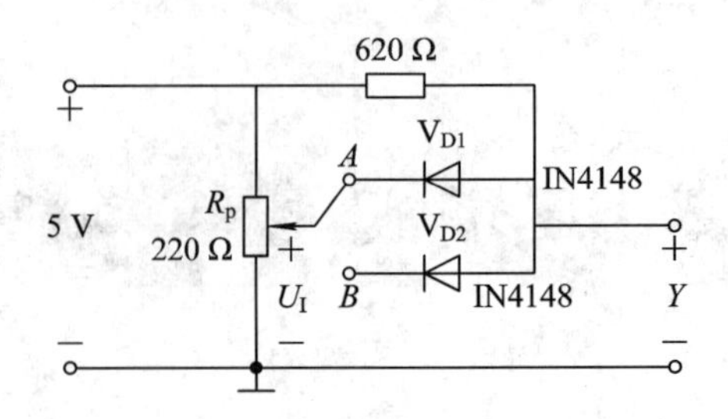

图 5-2-1 二极管与门电路

将表 5-2-1 中的高电平用“1”表示，低电平用“0”表示，得到与门真值表 5-2-2。

表 5-2-1 与门输入输出逻辑电平

A/V	B/V	Y/V
0	0	
0	3	
3	0	
3	3	

表 5-2-2 与门真值表

A	B	Y

(三) 任务结论

根据测试与讨论的结果,写出实践研究报告(目的、原理及方法、数据测试、分析及总结)。

任务 2 二极管或门逻辑电路及功能测试

(一) 任务要求

测试或门逻辑功能。

(二) 任务内容

按图 5-2-2 所示连接电路，调节电位器 R_p，使 $U_I=3$ V，并按表 5-2-3 所示，将 U_I 分别接到 A、B 两点(注：A、B 为 0 时，A 端或 B 端必须接地)，用万用表测出相应的输出电压 Y，测量数据记入表 5-2-3 中。

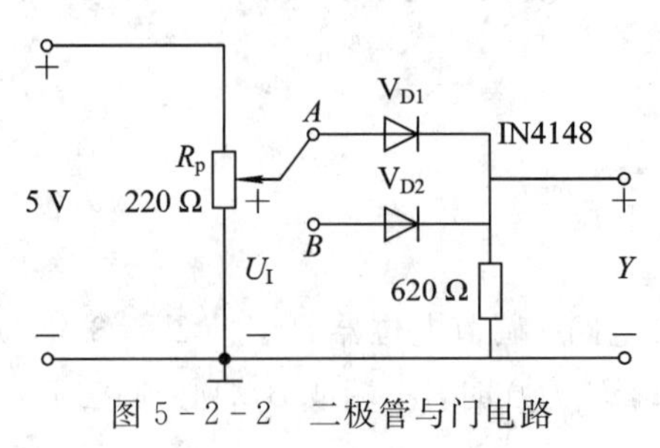

图 5-2-2 二极管与门电路

表 5-2-3　或门输入输出逻辑电平

A/V	B/V	Y/V
0	0	
0	3	
3	0	
3	3	

表 5-2-4　与门真值表

A	B	Y

将表 5-2-3 中的高电平用“1”表示，低电平用“0”表示，得到或门真值表 5-2-4。

（三）任务结论

根据测试与讨论的结果，写出实践研究报告（目的、原理及方法、数据测试、分析及总结）。

任务 3　三极管非门逻辑电路及功能测试

（一）任务要求

测试非门逻辑功能。

（二）任务内容

按图 5-2-3 所示连接电路，分别使输入端 A 点电位为 0 V、12 V（注：A 为 0 V 时，A 端必须接地；A 为 12 V 时，A 端接到+12 V 电源上），用万用表测出相应的输出电压 Y，测量数据记入表 5-2-5 中。

将表 5-2-5 中的高电平用“1”表示，低电平用“0”表示，得到或门真值表 5-2-6。

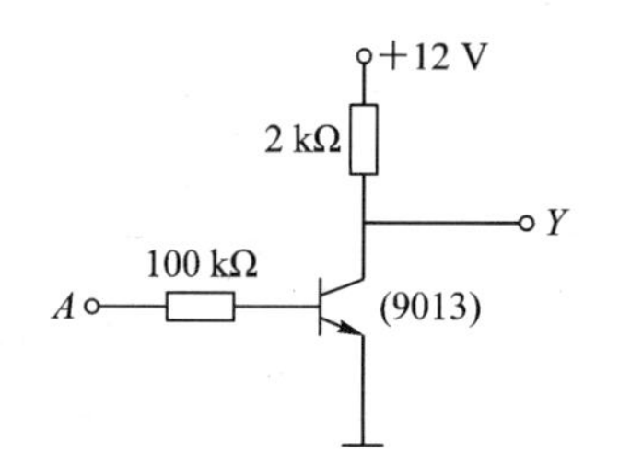

图 5-2-3　三极管非门电路

表 5-2-5　非门输入输出逻辑电平

A/V	Y/V
0	
12	

表 5-2-6　非门真值表

A	Y

（三）任务结论

根据测试与讨论的结构，写出实践研究报告（目的、原理及方法、数据测试、分析及总结）。

任务 4　TTL 与非门逻辑功能测试

（一）任务要求

测试 TTL 与非门逻辑功能及电压传输特性测试。

(二) 任务内容

1. 识别 74LS00 与非门管脚排列

如图 5－2－4 所示，74LS00 内部集成了四个二输入的与非门，V_{CC} 为“电源”端（+5 V），GND 为“地”端，A、B 为输入端，Y 为输出端。

2. 功能测试

按图 5－2－5 所示连接电路，将其中一个与非门的两个输入端（1A、1B）按表 5－2－7 分别接高、低电平，分别观察输出端 1Y 发光二极管的状态，若发光二极管灭，则记做“0”，亮记做“1”，同时用万用表测量输出电压 1Y，测量数据记入表 5－2－7 中。

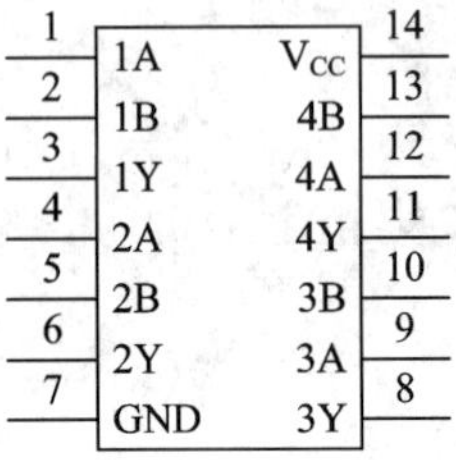

图 5－2－4　7400 管脚排列图

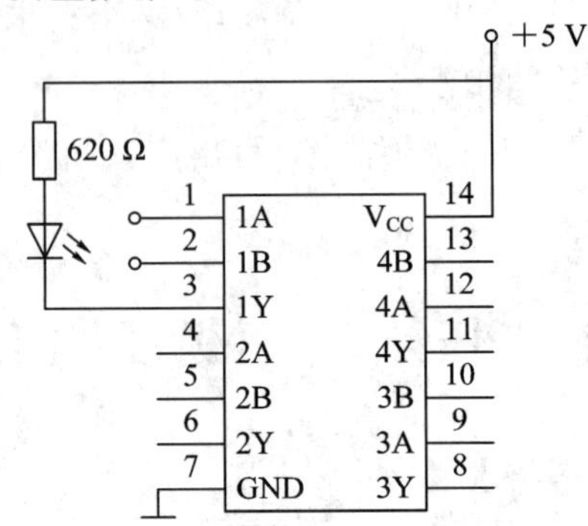

图 5－2－5　7400 功能测试

表 5－2－7　与非门功能测试

1A	1B	发光管状态	1Y/V
0	0		
0	1		
1	0		
1	1		

(三) 任务结论

根据测试与讨论的结果，写出实践研究报告（目的、原理及方法、数据测试、分析及总结）。

任务 5　集电极开路与非门（OC 门）的应用

(一) 任务要求

了解 OC 门的用途。

(二) 任务内容

1. 识别 74LS03 集电极开路与非门管脚排列

如图 5－2－6 所示，740LS03 内部集成了四个二输入的 OC 门，V_{CC} 为“电源”端（+5 V），GND 为“地”端，A、B 为输入端，Y 为输出端。

2. 测试 OC 门的线与功能

按图 5－2－7 所示接线，OC 门的输入端 A、B、C、D 分别接到四个逻辑开关上，输出端 Y 接发光二极管，按表 5-2-8 改变 A、B、C、D 电平的不同取值组合，观察发光二极管的状态，记入表 5-2-8 中，得到线与真值表，列出表达式。

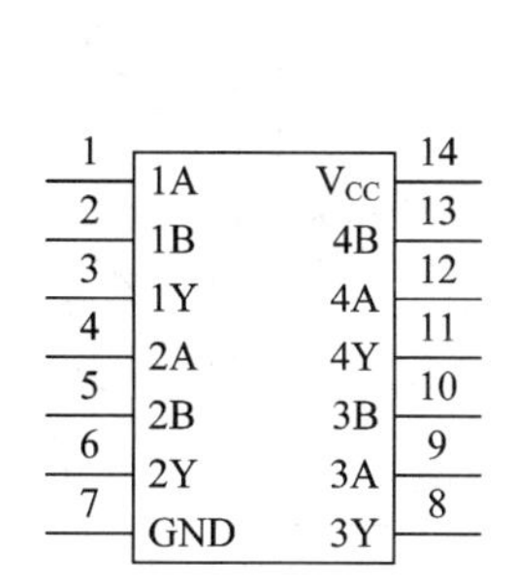

图 5-2-6　7403 管脚排列图

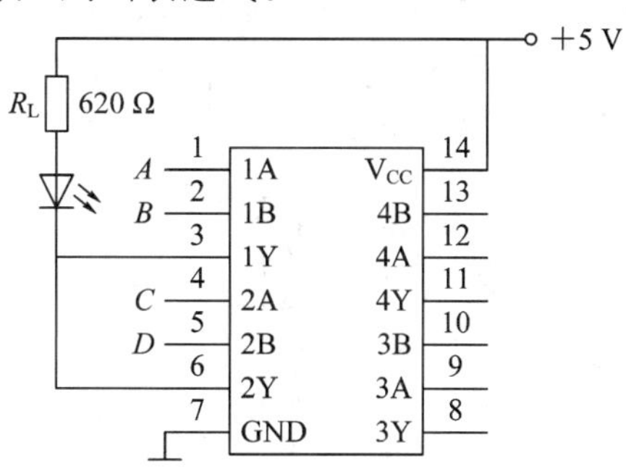

图 5-2-7　OC 门线与功能测试

表 5-2-8　OC 门线与功能测试

A	0	0	0	0	0	0	0	0	1	1	1	1	1	1	1	1
B	0	0	0	0	1	1	1	1	0	0	0	0	1	1	1	1
C	0	0	1	1	0	0	1	1	0	0	1	1	0	0	1	1
D	0	1	0	1	0	1	0	1	0	1	0	1	0	1	0	1
LED 状态																
Y																

3. 实现电平转换

在 OC 门的输出端外接电源和上拉电阻 R_L，可直接驱动高于 5 V 的负载。按图 5-2-8所示接线，OC 门的输入端 A、B 分别接到两个逻辑开关上，改变 A、B 电平的不同取值组合，用万用表测量输出端 Y 的电压，记入表 5-2-9 中。

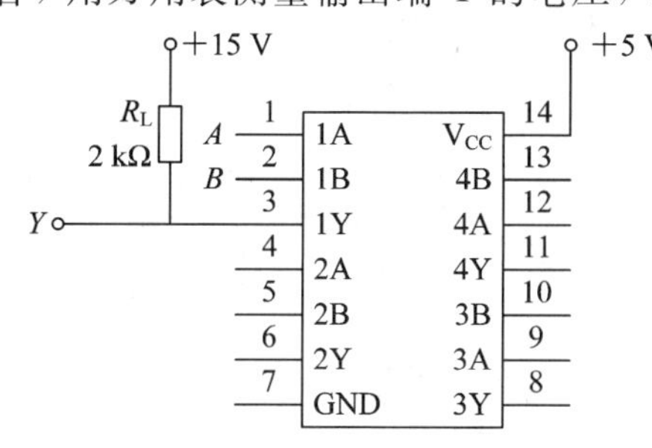

图 5-2-8　OC 门电平转换电路

表 5-2-9　OC 门电平转换

A	B	Y/V
0	0	
0	1	
1	0	
1	1	

(三) 任务结论

根据测试与讨论的结果，写出实践研究报告(目的、原理及方法、数据测试、分析及总结)。

任务 6　三态门(TSL 门)的应用

(一) 任务要求

了解 TSL 门的用途。

(二) 任务内容

1. 识别 74LS126 三态与非门管脚排列

如图 5-2-9 所示，74LS126 内部集成了四个 TSL 门，V_{CC} 为“电源”端(+5 V)，GND 为“地”端，A 为输入端，Y 为输出端，EN 为使能端，高电平有效。其功能表如表 5-2-10 所示。

引脚	名称	名称	引脚
1	1EN	V_{CC}	14
2	1A	4EN	13
3	1Y	4A	12
4	2EN	4Y	11
5	2A	3EN	10
6	2Y	3A	9
7	GND	3Y	8

图 5-2-9　74LS 126 三态门管脚排列图

表 5-2-10　74LS 126 功能表

EN	*A*	Y
1	0	0
1	1	1
0	×	高阻态

2. 用 TSL 门构成单向总线

按图 5-2-10 所示接线，将四个使能端 1、2、3、4 分别接到四个逻辑电平开关上，四个输入端按图示要求接上信号，总线接发光二极管 LED，先将四个使能端都接“0”，观察发光管的状态；然后将四个使能端交替接“1”(即任一时刻只能一个使能端为“1”)，观察发光管的状态，记入表 5-2-11 中。

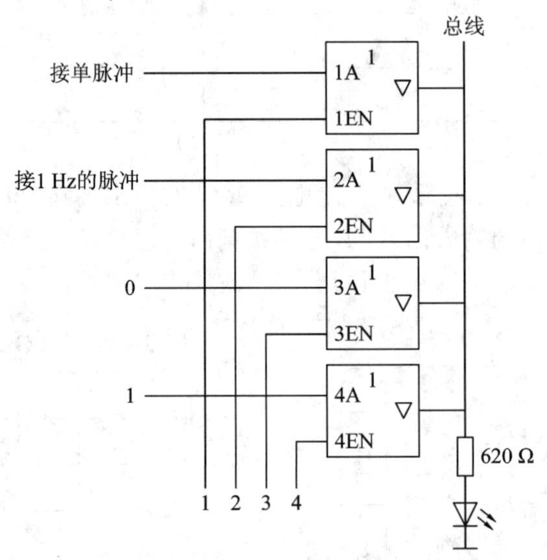

图 5-2-10　三态门构成单向总线

表 5-2-11　三态门构成单向总线电路测试数据

1EN	2EN	3EN	4EN	LED 状态
0	0	0	0	
1	0	0	0	
0	1	0	0	
0	0	1	0	
0	0	0	1	

(三) 任务结论

根据测试与讨论的结果，写出实践研究报告(目的、原理及方法、数据测试、分析及总结)。

【模块理论指导】

1. 模块基本要求

掌握　各种 TTL 集成逻辑门的功能、外特性及正确使用方法；各种 CMOS 集成逻辑门的功能、外特性及正确使用方法；TTL 和 CMOS 门的接口电路。

理解　二极管和三极管的开关特性。

了解　CMOS 门电路的主要特点。

2. 模块重点和难点

重点　TTL 集成与非门的外特性、主要参数和正确使用方法；各种门电路的逻辑符号、逻辑表达式和逻辑功能。

难点　TTL 集成与非门的电路结构、工作原理、参数计算；TTL 和 CMOS 门的接口电路。

3. 模块知识点

1) 二极管和三极管的开关特性

(1) 二极管的开关特性。二极管具有单向导电性，在数字电路中，一般将其视为理想开关：正向导通，反向截止。

(2) 三极管的开关特性。在数字电路中，三极管工作在开关状态，饱和导通时，集电极和发射极之间压降很小，相当于开关接通；截止时电流很小，相当于开关断开。

2) 分立元件门电路

(1) 二极管与门。二极管与门电路及逻辑符号如图 5-2-11 所示。与门的输出逻辑表达式为 $Y=A\cdot B$。

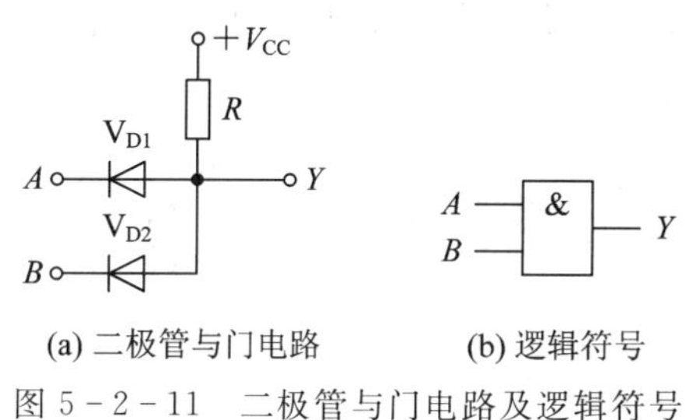

(a) 二极管与门电路　(b) 逻辑符号

图 5-2-11　二极管与门电路及逻辑符号

(2) 二极管或门。二极管或门电路及逻辑符号如图 5-2-12 所示。或门的输出逻辑表达式为 $Y=A+B$。

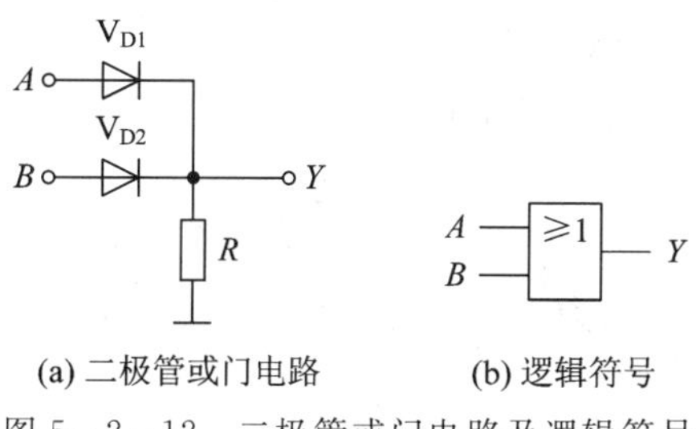

(a) 二极管或门电路　(b) 逻辑符号

图 5-2-12　二极管或门电路及逻辑符号

(3) 三极管非门。三极管非门电路及逻辑符号如图 5-2-13 所示。非门的输出逻辑表达式为 $Y=\overline{A}$。

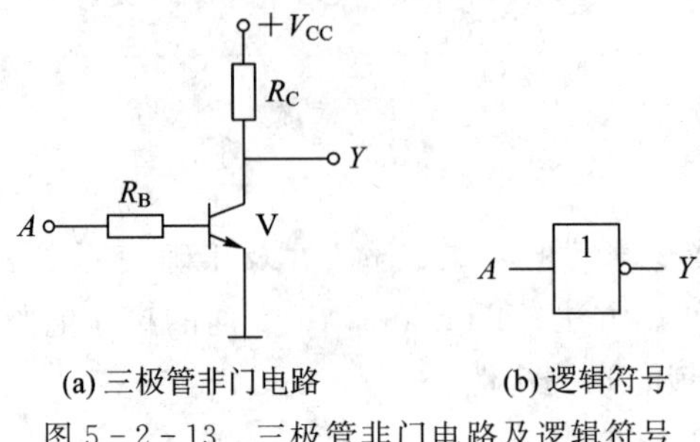

图 5-2-13　三极管非门电路及逻辑符号

3) TTL 集成门

(1) 与非门(74S 系列)。

① 特点。与非门采用抗饱和三极管及有源泄放电路，提高了三极管的开关速度。

② 电压传输特性。与非门分为三个区：截止区、转折区和饱和区。由于采用了抗饱和三极管及有源泄放电路，因此提高了三极管的开关速度，转折区比较窄。

③ 主要参数。

ⅰ. 开门电平、关门电平和阈值电压。

· 开门电平 U_{ON}：为保证输出为低电平，允许在输入端加的高电平的最小值。

$$u_i>U_{ON},\quad u_o=U_{OL}$$

· 关门电平 U_{OFF}：为保证输出为高电平，允许在输入端加的低电平的最大值。

$$u_i<U_{ON},\quad u_o=U_{OH}$$

· 阈值电压：电压传输特性转折区中点对应的输入电压。理想情况下：$u_i<U_{TH}$，$u_o=U_{OH}$；$u_i>U_{TH}$，$u_o=U_{OL}$。

ⅱ. 输入噪声容限。

· 输入低电平噪声容限 U_{NL}：保证输出为高电平时，允许在输入低电平上叠加的正向噪声电压。

$$U_{NL}=U_{OFF}-U_{IL}$$

· 输入高电平噪声容限 U_{NH}：保证输出为低电平时，允许在输入高电平上叠加的负向噪声电压。

$$U_{NH}=U_{IH}-U_{OH}$$

ⅲ. 关门电阻和开门电阻。

在 TTL 门的输入端与地或信号源之间接入电阻，若该电阻的接入相当于在该输入端输入的电平为 $u_I=U_{IL(max)}$，则该电阻称为关门电阻 R_{OFF}；若该电阻的接入相当于在该输入端输入的电平为 $u_I=U_{IH(min)}$，则该电阻称为开门电阻 R_{ON}。

只要 $u_I\leqslant R_{OFF}$，该输入端就相当于输入低电平；$u_I\geqslant R_{ON}$，该输入端就相当于输入高电平。

ⅳ. 扇出系数。扇出系数反映 TTL 与非门带同类门的能力。

· 带灌电流负载时的扇出系数 N_{OL}：输出为低电平时，外接负载门的个数。

$$N_{OL}=\frac{I_{OL(max)}}{I_{IL}}$$

与非门输出低电平时，负载门向本级门灌入电流，如果过载，会使本级门输出的低电平 U_{OL}升高。

带拉电流负载时的扇出系数 N_{OH}：输出为高电平时，外接负载门的个数。

$$N_{OH}=\frac{I_{OH(max)}}{I_{IH}}$$

与非门输出高电平时，本级门向负载门输出电流，如果过载，会使本级门输出的高电平 U_{OH}升高降低。

Ⅴ. 传输延迟时间。传输延迟时间反映与非门的开关速度。输出由高电平向低电平翻转所用的时间称为导通延迟时间 t_{PHL}；输出由低电平向高电平翻转所用的时间称为截止延迟时间 t_{PLH}。t_{PD}称为传输延迟时间。

$$t_{PD}=\frac{1}{2}(t_{PHL}+t_{PLH})$$

(2) 集电极开路的 TTL 与非门(OC 门)。具有推拉式输出的普通的 TTL 与非门输出端不允许直接相连，否则可能损坏器件，而在实际应用中，有时需要将多个门电路的输出端并联在一起使用，这样就产生了集电极开路门，简称 OC 门，其符号如图 5-2-14 所示。

OC 门在使用时，必须在输出端和电源之间外接上拉集电极负载电阻 R，如图 5-2-15所示。

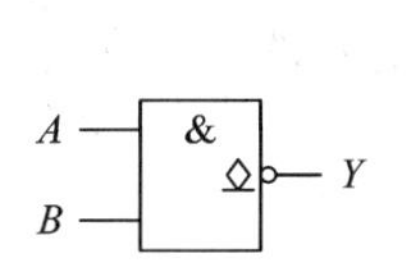

图 5-2-14 OC 门逻辑符号

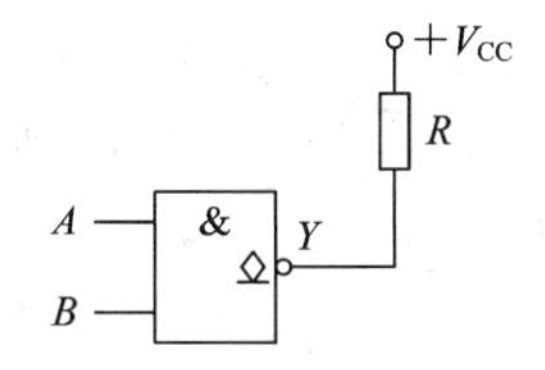

图 5-2-15 OC 门外接上拉电阻

利用 OC 门主要实现以下两种功能：

① 实现线与功能：实际上是在输入和输出之间实现了与或非的功能，如图 5-2-16 所示。

② 实现电平转换：主要用在 TTL 门和 CMOS 门的接口电路中。当用 TTL 门来驱动高电源电压的 CMOS 门时，TTL 门输出的高电平与 CMOS 门要求输入的高电平不匹配，可用 OC 门来与驱动 CMOS 门，如图 5-2-17 所示。

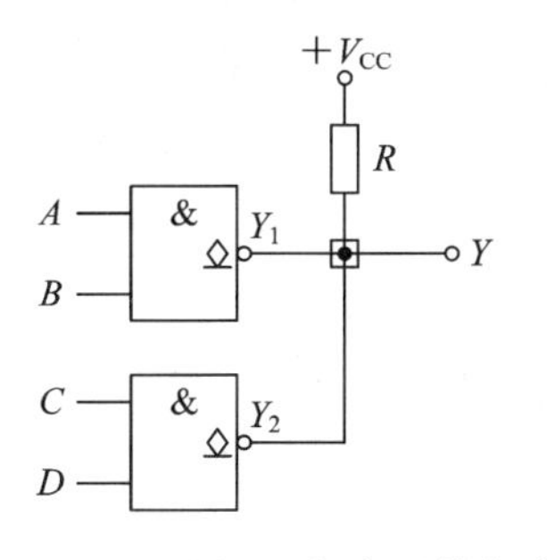

图 5-2-16 用 OC 门实现线与功能

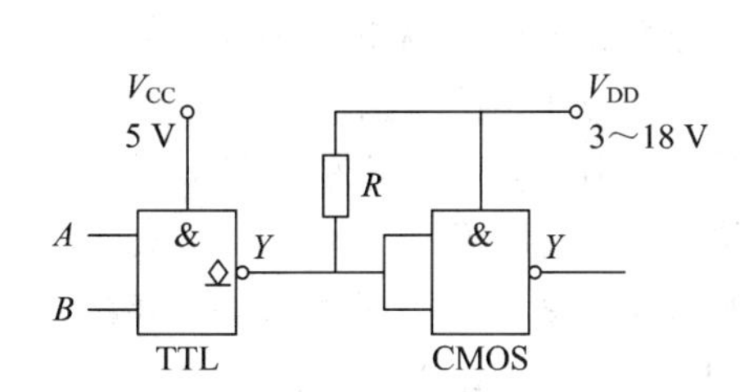

图 5-2-17 OC 门与 CMOS 门的接口

(3) 三态输出门(TSL)。三态门的电路结构和一般 TTL 与非门相同，但在其输入端加上一控制信号(EN 或$\overline{\text{EN}}$)，其输出除了高电平、低电平外，还有一种高阻态。其符号和功能如图 5-2-18 所示。

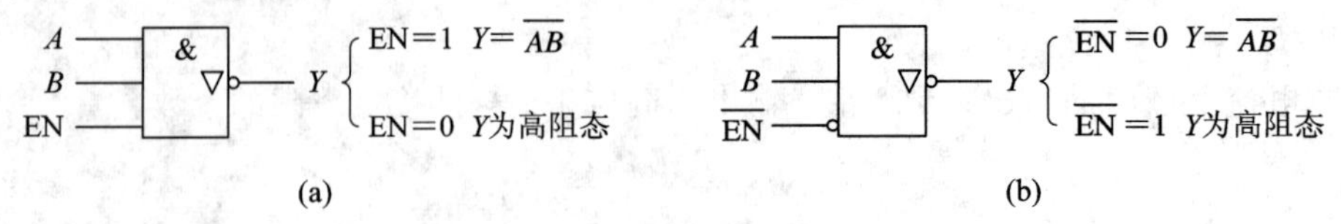

图 5-2-18　TSL 门符号及功能

三态门的输出端可以直接相连，但任一时刻只允许一个三态门的控制端为有效状态，否则会损坏器件。三态门主要用于计算机电路中构成数据总线。

4）CMOS 门电路

(1) CMOS 反相器。CMOS 反相器是由一个 PMOS 管 V_P 和一个 NMOS 管 V_N 组成的，V_N 为驱动管，V_P 为负载管。正常工作时，无论输出高电平或低电平，两管总是一管导道、一管截止，电源的输出电流为 nA 数量级，因此 CMOS 电路的功耗非常小。

CMOS 门电路的输出高电平 $U_{OH} \approx V_{DD}$，输出低电平 $U_{OL} \approx 0V$。当 CMOS 反相器的 V_N 和 V_P 的特性对称时，则 $U_{TH}=V_{DD}/2$，所以，输入噪声容限 $U_{NL}=U_{NH}=V_{DD}/2$。

(2) 漏极开路的 CMOS 门(OD 门)。OD 门和 OC 门一样，使用时输出端和电源之间外接上拉漏极电阻 R，多个 OD 门输出端相连后可实现线与。

(3) CMOS 传输门。当传输门的一对控制端 C 接高电平 V_{DD}，$\overline{C}$ 接低电平 0 时，传输门开启；而当 C 接低电平 0，$\overline{C}$ 接高电平 V_{DD} 时，传输门关闭，输出呈现高阻态。由于 MOS 管结构对称，漏极和源极可以互换使用，所以传输门可实现信号的双向传递。其符号和功能如图 5-2-19 所示。

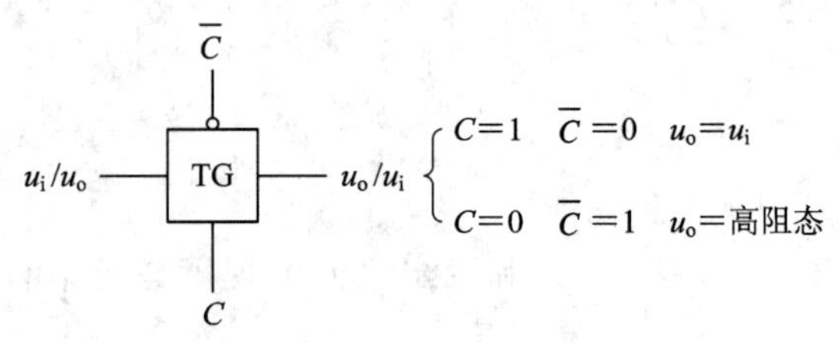

图 5-2-19　CMOS 传输门符号及功能

(4) CMOS 三态输出门(TSL)。和 TTL 三态门一样，CMOS 三态门输出也有三种状态：高电平、低电平和高阻态。

(5) CMOS 门电路特点。和 TTL 门电路相比，CMOS 门电路的主要优点是：功耗低、噪声容限大(抗干扰能力强)、电源电压变化范围宽、输入阻抗高、扇出系数大。

5）门电路闲置输入端的处理

(1) TTL 与非门闲置输入端的处理。

① 悬空，但容易引入外来干扰；

② 接 V_{CC} 或高电平；

③ 当前级的驱动能力足够时，闲置输入端和有用输入端可以并联使用。

(2) TTL 或非门闲置输入端的处理。

① 闲置输入端和有用输入端并联使用；

② 直接接地。

(3) CMOS 与非门闲置输入端的处理。

① 闲置输入端应接 V_{DD}，不允许悬空；

② 闲置输入端和有用输入端并联使用。

(4) CMOS 或非门多余输入端的处理。

① 闲置输入端和有用输入端并联；

② 闲置输入端通过电阻接地。

CMOS 门电路是电压控制器件，栅极电流为 0，无论接地电阻为多大，其上电压都为0 V。

【归纳与总结】

学生在任务总结的基础上，写出对模块 2 中知识总的认识和体会。

模块3　逻辑门电路的简单应用

学习内容：

(1) 逻辑函数几种常用的表示方法。

(2) 逻辑函数几种表示方法之间的关系。

学习问题：

(1) 逻辑函数有哪几种常用的表示方法？

(2) 逻辑函数几种表示方法之间怎样转换？

(3) 任务1中的三人表决电路有何不足之处？

学习要求：

(1) 掌握逻辑函数几种常用的表示方法。

(2) 掌握逻辑函数几种表示方法之间的转换关系。

(3) 掌握简单逻辑门电路的设计方法。

【模块任务】

任务1　设计三人表决电路

(一) 任务要求

设计一逻辑电路供三人(A、B、C)表决使用。每人有一按钮开关(常态为断开，表示“0”)，对于某个提案，如果他赞成，就按下按钮，按钮合上，表示“1”；如果不赞成，不按按钮，表示“0”。表决结果用指示灯(发光二极管LED)来表示，如果多数赞成，提案通过，则灯亮，$Y=1$；反之则不亮，$Y=0$。

(二) 元器件

74LS00一片，74LS20一片，按钮开关三个，发光二极管一个，620 Ω电阻一个。

(三) 任务内容

(1) 根据设计要求确定输入输出逻辑变量，列出真值表。

(2) 由真值表写出逻辑表达式。

(3) 化简逻辑表达式为最简与或式。

(4) 画出逻辑图，要求用与非门实现。

(5) 在面包板上插装出此逻辑电路，验证是否符合任务要求。

(四) 任务结论

根据测试与讨论的结果，写出实践研究报告(目的、原理及方法、数据测试、分析及总结)。

任务 2　设计旅客列车出站指示电路

（一）任务要求

旅客列车分为特快、直快和慢车三种，火车站发车的优先顺序为特快、直快、慢车，在同一时间内，车站只能开出一列车。试设计能够实现上述要求的旅客列车出站指示电路，出站指示用发光二极管 LED 来表示。如果允许特快列车出站，则红灯亮；允许直快列车出站，则黄灯亮；允许慢车出站，则绿灯亮。

（二）元器件

74LS00 一片，74LS20 一片，按钮开关三个，发光二极管红色、黄色、绿色各一个，620 Ω 电阻三个。

（三）任务内容

(1) 根据设计要求确定输入输出逻辑变量，列出真值表。

(2) 由真值表写出逻辑表达式。

(3) 化简逻辑表达式为最简与或式。

(4) 画出逻辑图，要求用与非门实现。

(5) 在面包板上插装此逻辑电路，验证是否符合任务要求。

（四）任务结论

根据测试与讨论的结果，写出实践研究报告(目的、原理及方法、数据测试、分析及总结)。

【归纳与总结】

学生在任务总结的基础上，写出对模块 3 中知识总的认识和体会。

项目六　触发器功能测试及简单应用

模块 1　触发器功能测试

学习内容：

(1) 基本 RS 触发器的工作原理和特点。

(2) RS 触发器、D 触发器、JK 触发器、T 触发器和 T′触发器的逻辑符号、逻辑功能、特性方程、触发方式及工作特点。

(3) 不同逻辑功能的触发器之间的相互转换。

学习问题：

(1) 触发器的两个基本特性是什么？

(2) 按逻辑功能的不同，触发器可分为哪几种类型？

(3) 按触发方式的不同，触发器可分为哪几种类型？

(4) 按电路结构的不同，触发器可分为哪几种类型？

(5) 基本 RS 触发器有哪两种常见的电路结构形式？说明它们有何不同。

(6) 和基本 RS 触发器相比，同步 RS 触发器在电路结构上有何不同？

(7) 什么叫边沿触发器？它有什么优点？

(8) 如何将边沿 JK 触发器接成 D 触发器、T 触发器和 T′触发器？

(9) TTL 边沿 JK 触发器和 D 触发器工作时，其直接置“0”端$\overline{R}_D$和直接置“1”端$\overline{S}_D$应处于什么状态？

(10) 什么叫主从触发器？它的工作特点是什么？

学习要求：

(1) 掌握基本 RS 触发器的工作原理和特点。

(2) 掌握 RS 触发器、D 触发器、JK 触发器、T 触发器和 T′触发器的逻辑符号、逻辑功能（特性表和特性方程）和触发方式（高电平、低电平、上升沿和下降沿触发）。

(3) 掌握触发器直接置 0 和直接置 1 的含义。

【模块任务】

任务 1　与非门构成的基本 RS 触发器及功能测试

(一) 任务要求

用与非门 74LS00 构成基本 RS 触发器，并测试其逻辑功能。

（二）任务内容

（1）按图 6－1－1 所示连接电路，用与非门 74LS00 构成基本 RS 触发器。

（2）元器件：74LS00 一片，发光二极管两个，620 Ω 电阻两个，逻辑开关板一个，面包板一块。

（3）测试基本 RS 触发器的逻辑功能。按图 6－1－1 所示，将$\overline{R}_D$端和$\overline{S}_D$端分别接到两个逻辑电平开关上，按表 6－1－1 所示分别设置$\overline{R}_D$端和$\overline{S}_D$端的状态，观察 LED 的状态，记入表中，并写出 Q 端和$\overline{Q}$端的状态(灯亮记“1”，灯灭记“0”)。

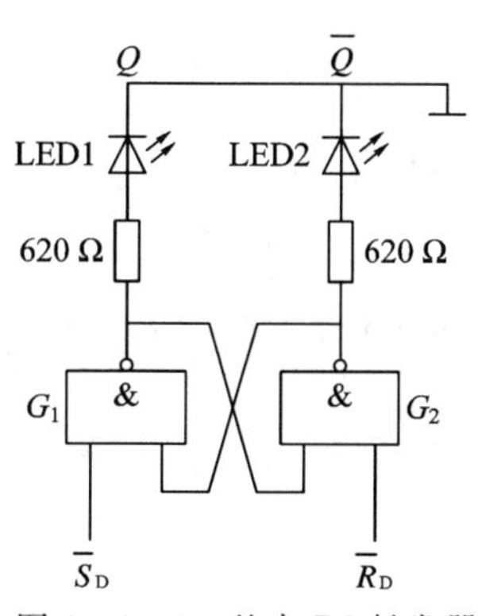

图 6－1－1　基本 RS 触发器

表 6－1－1　基本 RS 触发器的逻辑功能

$\overline{R}_D$	$\overline{S}_D$	LED1 状态	Q	LED2 状态	$\overline{Q}$
1	1				
1	0				
0	1				
0	0				

（三）任务结论

根据测试与讨论的结果，写出实践研究报告（目的、原理及方法、数据测试、分析及总结）。

任务 2　JK 触发器功能测试

（一）任务要求

测试 74LS73JK 触发器的逻辑功能。

（二）任务内容

（1）74LS73 芯片：如图 6－1－2 所示，74LS73 内部集成了两个 JK 触发器，除了电源端 V_{CC}和地端 GND 公用外，异步置零端 CLR′和时钟端 CP 均为独立的。

（2）元器件：74LS73 一片，发光二极管两个，620 Ω 电阻两个，逻辑开关板一个，面包板一块。

（3）画出测试电路原理图。

（4）测试 JK 触发器的逻辑功能。选择 74LS73 其中一个触发器测试其功能。将信号发生器的矩形波脉冲选择开关置于“点脉冲”位置，按表 6－1－2 所示，CLR′接 11 管脚为低电平“0”，接 V_{CC}端为高电平“1”，用逻辑电平开关确定 J、K 端的状态，接通电源，按点脉冲启动按钮，观察输出端发光二极管的状态，发光二极管亮记“1”，发光二极管不亮“0”，记入表 6－1－2 中。

(5) 总结 JK 触发器的功能。

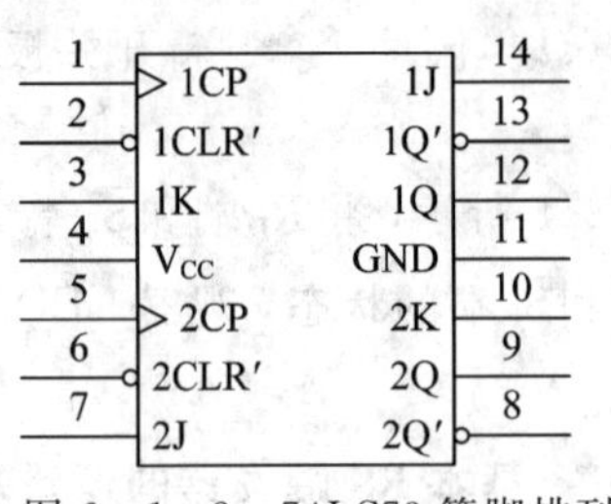

图 6-1-2　74LS73 管脚排列图

表 6-1-2　JK 触发器的逻辑功能表

CLR′	J	K	C	Q^n	$\overline{Q}^n$	Q^{n+1}	$\overline{Q}^{n+1}$
0	0	0	↓	0	1		
	0	1	↓	1	0		
	1	0	↓	0	1		
	1	1	↓	1	0		
1	0	0	↓	0	1		
	0	1	↓	1	0		
	1	0	↓	0	1		
	1	1	↓	1	0		

(三) 任务结论

根据测试与讨论的结果，写出实践研究报告(目的、原理及方法、数据测试、分析及总结)。

任务 3　D 触发器功能测试

(一) 任务要求

用 74LS73JK 触发器构成 D 触发器，并测试 D 触发器的逻辑功能。

(二) 任务内容

(1) 把 JK 触发器构成 D 触发器，画出逻辑原理图。

(2) 元器件：74LS73 一片，74LS00 一片，发光二极管两个，620 Ω 电阻两个，逻辑开关板一个，面包板一块。

(3) 测试 D 触发器的逻辑功能。按照以上所设计的原理图测试 D 触发器的功能。将信号发生器的矩形波脉冲选择开关置于“点脉冲”位置，按表 6-1-3 所示，CLR′接 11 管脚为低电平“0”，接 V_{CC}端为高电平“1”，用逻辑电平开关确定 J、K 端的状态，接通电源，按点脉冲启动按钮，观察发光二极管的状态，记入表 6-1-3 中。

表 6-1-3　D 触发器的逻辑功能

CLR′	D	CP	Q^n	$\overline{Q}^n$	Q^{n+1}	$\overline{Q}^{n+1}$
0	0	↓	0	1		
	1	↓	1	0		
1	0	↓	0	1		
	1	↓	1	0		

(4) 总结 D 触发器的功能。

(三) 任务结论

根据测试与讨论的结果，写出实践研究报告(目的、原理及方法、数据测试、分析及总结)。

【模块理论指导】

1. 模块基本要求

掌握　各种触发器的逻辑符号、逻辑功能、触发方式、特性方程、状态转换图；触发器波形图的画法。

理解　各种触发器的工作原理及异步置 0 和异步置 1 的优先概念。

了解　各种触发器的电路结构(基本 RS 触发器、同步触发器、边沿触发器和主从触发器)；不同功能的触发器之间的转换方法。

2. 模块重点和难点

重点　各种触发器的逻辑功能、触发方式(电平触发、边沿触发和主从触发)、特性方程；三种输入信号(CP 时钟信号；RS、D、JK 及 T 触发信号；异步置 0、置 1 信号)的作用。

难点　触发器的工作原理；异步置 0 和异步置 1 端的作用。

3. 模块知识点

1) 触发器的特性

触发器具有两个稳态，可分别用来表示二进制数的 0 和 1；在触发信号作用下，两个稳态可相互转换，触发器状态的转换称为翻转，触发信号消失后，已转换的状态可长期保持，因此，触发器具有记忆的功能。

2) 触发器的状态

触发器有两个输出端，正常工作时，Q 和$\overline{Q}$端处于相反状态。触发器的状态一般用 Q 端的状态来表示，若 $Q=0$、$\overline{Q}=1$，则称触发器处于 0 态；若 $Q=1$、$\overline{Q}=0$，则称触发器处于 1 态。

3) 触发器的现态和次态

现态是指触发信号作用前的状态，用 Q^n 表示。

次态是指触发信号作用后的状态，用 Q^{n+1} 表示。

4) 触发器的分类

(1) 按功能分：RS 触发器、D 触发器、JK 触发器、T 触发器、T′触发器。

(2) 按结构分：基本 RS 触发器、同步触发器、维持—阻塞型触发器、边沿触发器、主从触发器。

(3) 按触发方式分：电平触发器、边沿触发器、主从触发器。

触发器的分类如表 6-1-4 所示。

表 6-1-4　触发器分类表

<table>
<tr><th colspan="2">名　称</th><th>逻辑符号</th><th>特性表</th><th>特性方程</th></tr>
<tr><td rowspan="3">基本RS触发器</td><td>与非门构成</td><td>$\overline{R}_D$ —○ □ — Q
$\overline{S}_D$ —○ □ ○— $\overline{Q}$</td><td><table>
<tr><td>$\overline{R}_D$ $\overline{S}_D$</td><td>Q^{n+1} $\overline{Q}^{n+1}$</td><td>说明</td></tr>
<tr><td>0　0</td><td>1　1</td><td>不允许</td></tr>
<tr><td>0　1</td><td>0　1</td><td>置 0</td></tr>
<tr><td>1　0</td><td>1　0</td><td>置 1</td></tr>
<tr><td>1　1</td><td>Q^n　$\overline{Q}^n$</td><td>保持</td></tr>
</table></td><td>$\begin{cases} Q^{n+1}=\overline{\overline{S}_D}+\overline{R}_D Q^n \\ \overline{S}_D+\overline{R}_D=1 \end{cases}$</td></tr>
<tr><td>或非门构成</td><td>R_D — □ — Q
S_D — □ ○— $\overline{Q}$</td><td><table>
<tr><td>R_D S_D</td><td>Q^{n+1} $\overline{Q}^{n+1}$</td><td>说明</td></tr>
<tr><td>0　0</td><td>Q^n　$\overline{Q}^n$</td><td>保持</td></tr>
<tr><td>0　1</td><td>1　0</td><td>置 0</td></tr>
<tr><td>1　0</td><td>0　1</td><td>置 1</td></tr>
<tr><td>1　1</td><td>0　0</td><td>不允许</td></tr>
</table></td><td>$\begin{cases} Q^{n+1}=S_D+\overline{R}_D Q^n \\ S_D\cdot R_D=0 \end{cases}$</td></tr>
<tr><td colspan="4">基本 RS 触发器不能控制翻转时刻，输入有约束，抗干扰能力差。</td></tr>
</table>

续表一

<table>
<tr><th colspan="2">名称</th><th>逻辑符号</th><th>特性表</th><th>特性方程</th></tr>
<tr><td rowspan="3">同步触发器</td><td>RS触发器</td><td>$\overline{S}_D$, S, CP, R, $\overline{R}_D$; Q, $\overline{Q}$</td><td>
<table>
<tr><td>CP</td><td>R</td><td>S</td><td>Q^{n+1}</td><td>$\overline{Q}^{n+1}$</td><td>说明</td></tr>
<tr><td>0</td><td>×</td><td>×</td><td>Q^n</td><td>$\overline{Q}^n$</td><td>保持</td></tr>
<tr><td>1</td><td>0</td><td>0</td><td>Q^n</td><td>$\overline{Q}^n$</td><td>保持</td></tr>
<tr><td>1</td><td>0</td><td>1</td><td>1</td><td>0</td><td>置0</td></tr>
<tr><td>1</td><td>1</td><td>0</td><td>0</td><td>1</td><td>置1</td></tr>
<tr><td>1</td><td>1</td><td>1</td><td>1</td><td>1</td><td>不允许</td></tr>
</table></td><td>$\begin{cases} Q^{n+1}=S+\overline{R}Q^n \\ SR=0 \end{cases}$
CP=1 期间有效</td></tr>
<tr><td>D触发器</td><td>$\overline{S}_D$, D, CP, $\overline{R}_D$; Q, $\overline{Q}$</td><td>
<table>
<tr><td>CP</td><td>D</td><td>Q^{n+1}</td><td>$\overline{Q}^{n+1}$</td><td>说明</td></tr>
<tr><td>0</td><td>×</td><td>Q^n</td><td>$\overline{Q}^n$</td><td>保持</td></tr>
<tr><td>1</td><td>0</td><td>0</td><td>1</td><td>置0</td></tr>
<tr><td>1</td><td>1</td><td>1</td><td>0</td><td>置1</td></tr>
</table></td><td>$Q^{n+1}=D$
CP=1 期间有效</td></tr>
<tr><td colspan="4">为克服基本RS触发器不能控制翻转时刻的缺点，可采用同步触发器(又称钟控触发器)，它是在基本RS触发器的基础上加入控制门和时钟脉冲信号CP组成的。同步RS触发器输入也存在同样的约束，为了克服这个缺点，又引出了同步D触发器。同步触发器在CP=1期间存在空翻现象，抗干扰能力也不是很强</td></tr>
<tr><td rowspan="6">边沿触发器</td><td>JK触发器</td><td>$\overline{S}_D$, J, CP, K, $\overline{R}_D$; Q, $\overline{Q}$</td><td>
<table>
<tr><td>CP</td><td>J</td><td>K</td><td>Q^{n+1}</td><td>$\overline{Q}^{n+1}$</td><td>说明</td></tr>
<tr><td>↓</td><td>0</td><td>0</td><td>Q^n</td><td>$\overline{Q}^n$</td><td>保持</td></tr>
<tr><td>↓</td><td>0</td><td>1</td><td>0</td><td>1</td><td>置0</td></tr>
<tr><td>↓</td><td>1</td><td>0</td><td>1</td><td>0</td><td>置1</td></tr>
<tr><td>↓</td><td>1</td><td>1</td><td>$\overline{Q}^n$</td><td>Q^n</td><td>翻转</td></tr>
</table></td><td>$Q^{n+1}=J\overline{Q}^n+\overline{K}Q^n$
CP 下降沿到达时有效</td></tr>
<tr><td rowspan="2">D触发器</td><td>$\overline{S}_D$, D, CP, $\overline{R}_D$; Q, $\overline{Q}$
上升沿触发</td><td>
<table>
<tr><td>CP</td><td>D</td><td>Q^{n+1}</td><td>$\overline{Q}^{n+1}$</td><td>说明</td></tr>
<tr><td>↑</td><td>0</td><td>0</td><td>1</td><td>置0</td></tr>
<tr><td>↑</td><td>1</td><td>1</td><td>0</td><td>置1</td></tr>
</table></td><td>$Q^{n+1}=D$
CP 上升沿到达时有效</td></tr>
<tr><td>$\overline{S}_D$, D, CP, $\overline{R}_D$; Q, $\overline{Q}$
下降沿触发</td><td>
<table>
<tr><td>CP</td><td>D</td><td>Q^{n+1}</td><td>$\overline{Q}^{n+1}$</td><td>说明</td></tr>
<tr><td>↓</td><td>0</td><td>0</td><td>1</td><td>置0</td></tr>
<tr><td>↓</td><td>1</td><td>1</td><td>0</td><td>置1</td></tr>
</table></td><td>$Q^{n+1}=D$
CP 下降沿到达时有效</td></tr>
<tr><td>T触发器</td><td>$\overline{S}_D$, T, CP, $\overline{R}_D$; Q, $\overline{Q}$</td><td>
<table>
<tr><td>CP</td><td>T</td><td>Q^{n+1}</td><td>$\overline{Q}^{n+1}$</td><td>说明</td></tr>
<tr><td>↓</td><td>0</td><td>Q^n</td><td>$\overline{Q}^n$</td><td>保持</td></tr>
<tr><td>↓</td><td>1</td><td>$\overline{Q}^n$</td><td>Q^n</td><td>翻转</td></tr>
</table></td><td>$Q^{n+1}=T\oplus Q^n$
CP 下降沿到达时有效</td></tr>
<tr><td>T′触发器</td><td>$\overline{S}_D$, $T=1$, CP, $\overline{R}_D$; Q, $\overline{Q}$</td><td>
<table>
<tr><td>CP</td><td>Q^{n+1}</td><td>$\overline{Q}^{n+1}$</td><td>说明</td></tr>
<tr><td>↓</td><td>$\overline{Q}^n$</td><td>Q^n</td><td>翻转</td></tr>
</table></td><td>$Q^{n+1}=\overline{Q}^n$
CP 下降沿到达时有效</td></tr>
<tr><td colspan="4">边沿触发器只在时钟脉冲CP上升沿或下降沿到来时刻接收输入信号，因此，边沿触发器具有很强的抗干扰能力和很高的工作可靠性，没有空翻现象</td></tr>
</table>

续表二

<table>
<tr><th colspan="2">名称</th><th>逻辑符号</th><th>特性表</th><th>特性方程</th></tr>
<tr><td rowspan="3">主从触发器</td><td>RS触发器</td><td>$\overline{S}_D$, S, CP, R, $\overline{R}_D$; Q, $\overline{Q}$</td><td>
<table>
<tr><th>CP</th><th>R</th><th>S</th><th>Q^{n+1}</th><th>$\overline{Q}^{n+1}$</th><th>说明</th></tr>
<tr><td>↓</td><td>0</td><td>0</td><td>Q^n</td><td>$\overline{Q}^n$</td><td>保持</td></tr>
<tr><td>↓</td><td>0</td><td>1</td><td>1</td><td>0</td><td>置 1</td></tr>
<tr><td>↓</td><td>1</td><td>0</td><td>0</td><td>1</td><td>置 0</td></tr>
<tr><td>↓</td><td>1</td><td>1</td><td>1</td><td>1</td><td>不允许</td></tr>
</table>
</td><td>$\begin{cases} Q^{n+1}=S+\overline{R}Q^n \\ SR=0 \end{cases}$
CP 下降沿到达时有效</td></tr>
<tr><td>JK触发器</td><td>$\overline{S}_D$, J, CP, K, $\overline{R}_D$; Q, $\overline{Q}$</td><td>
<table>
<tr><th>CP</th><th>J</th><th>K</th><th>Q^{n+1}</th><th>$\overline{Q}^{n+1}$</th><th>说明</th></tr>
<tr><td>↓</td><td>0</td><td>0</td><td>Q^n</td><td>$\overline{Q}^n$</td><td>保持</td></tr>
<tr><td>↓</td><td>0</td><td>1</td><td>0</td><td>1</td><td>置 0</td></tr>
<tr><td>↓</td><td>1</td><td>0</td><td>1</td><td>0</td><td>置 1</td></tr>
<tr><td>↓</td><td>1</td><td>1</td><td>$\overline{Q}^n$</td><td>Q^n</td><td>翻转</td></tr>
</table>
</td><td>$Q^{n+1}=J\overline{Q}^n+\overline{K}Q^n$ CP 下降沿到达时有效</td></tr>
<tr><td colspan="4">主从型触发器包含一个主触发器和一个从触发器。在 CP=1 期间，主触发器接收信号，而从触发器被封锁，所以触发器的状态不会改变；在 CP 下降沿到来时，即 CP=0，主触发器被封锁，从触发器工作，所以主从型触发器的翻转时刻是在 CP 的下降沿</td></tr>
</table>

注：同步触发器、边沿触发器及主从触发器的直接置 0 和直接置 1 功能($\overline{R}_D$ 为异步置 0 端，$\overline{S}_D$ 为异步置 1 端)，低电平有效，不受时钟的控制，具有优先权，触发器按功能表正常触发时，应悬空或接高电平。

【归纳与总结】

学生在任务总结的基础上，写出对模块 1 中知识总的认识和体会。

模块 2　触发器的简单应用

学习内容：

(1) 理解触发器的记忆功能。

(2) 学习用触发器设计简单的时序电路。

学习问题：

(1) 分析项目五模块 3 任务 1 的三人表决电路有什么不足之处。

(2) 如何解决问题(1)的不足之处？

学习要求：

(1) 深刻理解触发器的记忆功能。

(2) 掌握用触发器设计简单的时序电路。

【模块任务】

任务 1　改进的三人表决电路

(一) 任务要求

在项目五模块 3 任务 1 的三人表决电路的基础上，从实用角度出发，改进其不足之处。要求表决前主持人能清零，表决结果用发光二极管表示，发光二极管亮表示提案通过，否则，提案不能通过。在主持人清零前表决结果能保持，表决完毕后，主持人清零，进入下一个提案的表决。

(二) 元器件

74LS00 三片，74LS20 一片，按钮四个，发光二极管一个，620 Ω 电阻两个。

(三) 任务内容

(1) 画出改进后的逻辑图。

(2) 在面包板上插装出此逻辑电路，验证其功能。

(四) 任务结论

根据测试与讨论的结果，写出实践研究报告(目的、原理及方法、数据测试、分析及总结)。

任务 2　设计四人抢答电路

(一) 任务要求

用 TTL 与非门和 D 触发器构成四人抢答器。A、B、C、D 为抢答操作按钮开关，抢答前主持人先清零，任何一个人先将自己面前的按钮按下，则与其对应的发光二极管(指示灯)被点亮，表示此人抢答成功；而紧随其后的其他按钮再被按下，与其对应的发光二极管则不亮。本轮抢答完毕后，主持人清零，准备下一轮抢答。

(二) 元器件

74LS175(集成四个 D 触发器)一片，74LS00 一片，74LS20(集成两个四输入的与非门，NC 为空脚)一片，按钮五个，发光二极管四个，1 kΩ 电阻五个，620 Ω 电阻两个。74LS20 和 74LS175 的管脚排列分别如图 6-2-1 和图 6-2-2 所示。

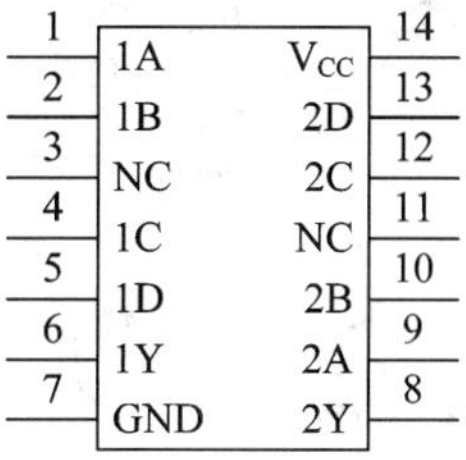

图 6-2-1　74LS20 管脚排列图

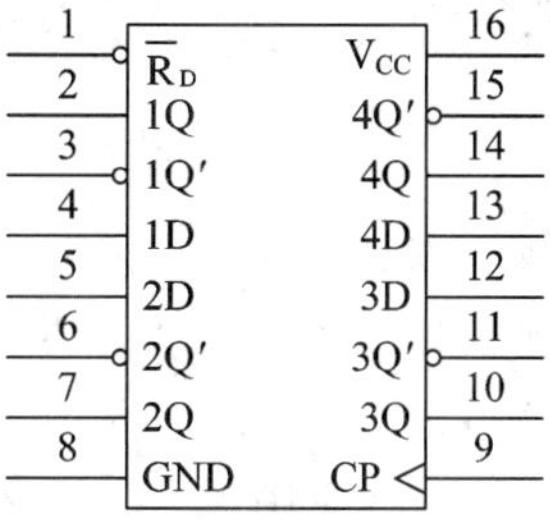

图 6-2-2　74LS175 管脚排列图

(三) 任务内容

(1) 画出逻辑图。

(2) 在面包板上插装出此逻辑电路，验证其功能。

(四) 任务结论

根据测试与讨论的结果，写出实践研究报告(目的、原理及方法、数据测试、分析及总结)。

【归纳与总结】

学生在任务总结的基础上，写出对模块 2 中知识总的认识和体会。

项目七　555 定时器的功能及应用

模块 1　555 定时器构成的基本电路

学习内容：

（1）施密特触发器。

（2）单稳态触发器。

（3）多谐振荡器。

（4）555 定时器及其应用。

学习问题：

（1）施密特触发器的主要特点是什么？

（2）施密特触发器有什么用途？

（3）多谐振荡器有什么特点？

（4）石英晶体振荡器的特点是什么？其振荡频率与电路中的 R、C 有无关系？

（5）单稳态触发器有什么特点？它主要有哪些用途？

（6）555 定时器主要由哪几部分组成？各部分的作用是什么？

（7）如何用 555 定时器构成施密特触发器、单稳态触发器和多谐振荡器？

学习要求：

（1）掌握 555 定时器的功能。

（2）掌握用 555 定时器构成施密特触发器、单稳态触发器和多谐振荡器的方法。

（3）会计算单稳态触发器的脉冲宽度和多谐振荡器的振荡周期。

（4）了解石英晶体振荡器的特点。

【模块任务】

任务 1　用 555 定时器构成施密特触发器

（一）任务要求

在面包板上用 555 定时器和附加元器件构成施密特触发器，测试其功能。

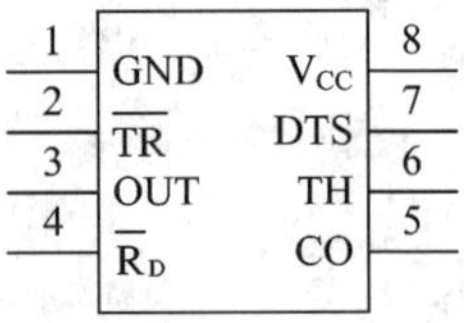

（二）任务内容

（1）识别 555 管脚：555 管脚如图 7－1－1 所示。

1 GND　　V_{CC} 8
2 $\overline{TR}$　　DTS 7
3 OUT　　TH 6
4 $\overline{R_D}$　　CO 5

图 7－1－1　555 管脚排列图

（2）按图 7－1－2 所示在面包板上连接电路，在输入端加上 1 kHz、5 V 的正弦信号。

(3) 用示波器观察输入输出波形，并观察两个门限电压，将结果记入表 7-1-1 中。

(4) 计算回差电压 ΔU。

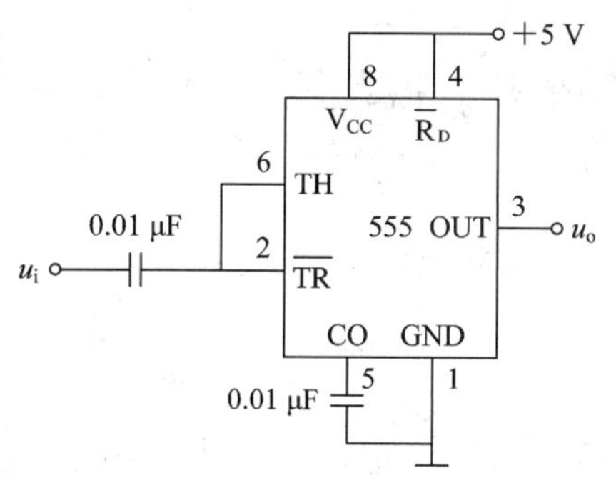

图 7-1-2　555 定时器构成的施密特触发器

表 7-1-1　555 定时器构成的施密特触发器波形

u_i波形	
u_o波形	
U_{T+}/V	
U_{T-}/V	
ΔU/V	

(三) 任务结论

根据测试与讨论的结果，写出实践研究报告(目的、原理及方法、数据测试、分析及总结)。

任务 2　用 555 定时器构成单稳态触发器

(一) 任务要求

在面包板上用 555 定时器和附加元器件构成单稳态触发器，测试其功能。

(二) 任务内容

(1) 按图 7-1-3 所示在面包板上连接电路。

(2) 接通电源，按下 S 再松开，观察发光二极管 LED 的状态改变，用示波器观察 47 μF的电容和 LED 波形，记入表 7-1-2 中。

(3) 计算脉冲宽度，记入表 7-1-2 中。

(4) 将 R 改为 10 kΩ，计算脉冲宽度，再次按下 S 然后松开，观察发光二极管的状态改变和步骤(2)中有何不同，并用示波器观察 47 μF 的电容和 LED 波形，记入表 7-1-2 中。

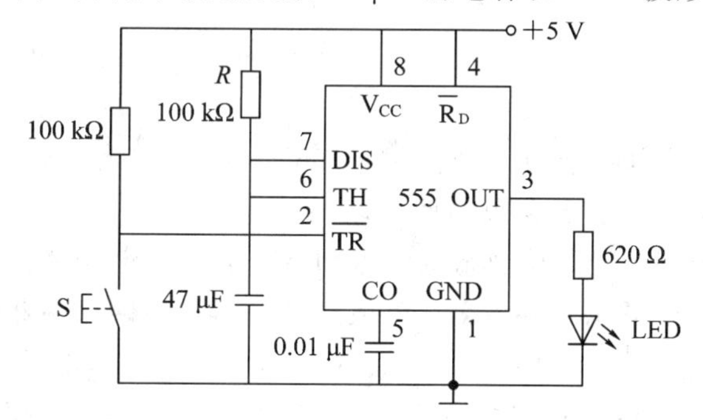

图 7-1-3　555 定时器构成的单稳态触发器

表 7-1-2　555 定时器构成的单稳态触发器波形

R	脉冲宽度	47 μF 波形	LED 波形
100 kΩ			
10 kΩ			

（三）任务结论

根据测试与讨论的结果，写出实践研究报告（目的、原理及方法、数据测试、分析及总结）。

任务3 用555定时器构成多谐振荡器

（一）任务要求

在面包板上用555定时器和附加元器件构成多谐振荡器，测试其功能。

（二）任务内容

（1）按图7-1-4所示在面包板上连接电路。

（2）接通电源，用示波器观察输出波形并测出其振荡周期，记入表7-1-3中。

（3）计算振荡频率。

（4）将5.1 kΩ电阻改为10 kΩ，再次观察输出波形并测出振荡频率，也记入表7-1-3中，比较和步骤(3)中有何不同。

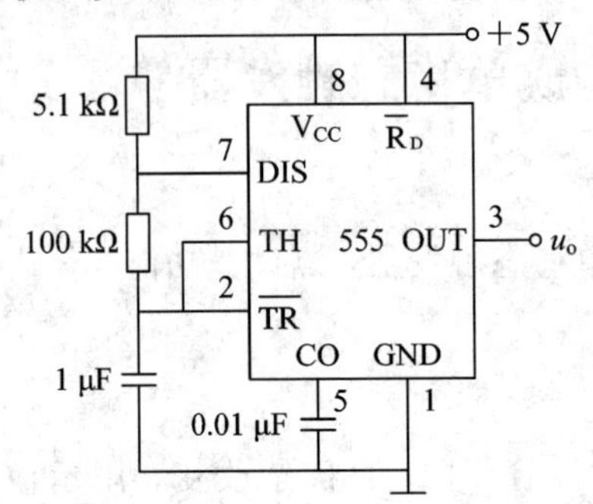

图7-1-4 555定时器构成的多谐振荡器

表7-1-3 555构成的多谐振荡器波形

R	u_o 波形	振荡频率
5.1 kΩ		
10 kΩ		

（三）任务结论

根据测试与讨论的结果，写出实践研究报告（目的、原理及方法、数据测试、分析及总结）。

【模块理论指导】

1. 模块基本要求

掌握 555定时器的电路结构、工作原理；555定时器构成的施密特触发器、单稳态触发器和多谐振荡器的结构及有关参数的计算。

理解 集成施密特触发器、单稳态触发器和石英晶体多谐振荡器。

了解 门电路构成的施密特触发器、单稳态触发器和多谐振荡器的工作原理。

2. 模块重点和难点

重点 555定时器构成的施密特触发器、单稳态触发器和多谐振荡器的结构及有关参数的计算。

难点 555定时器构成的电路中电容的充放电过程。

3. 模块知识点

1）门电路构成的施密特触发器

施密特触发器常用于脉冲波形变换，也是常用的整形和脉冲鉴幅电路。

施密特触发器有两个稳态，两种稳态在输入信号的作用下可进行相互转换，而且输出从低电平翻转为高电平和从高电平翻转为低电平对应的输入 u_I不同。当输入 u_I上升时输出发生翻转对应的输入电压，称为正向阈值电压，用 U_{T+} 表示；当输入 u_I下降时输出发生翻转对应的输入电压，称为负向阈值电压，用 U_{T-} 表示。正向阈值电压 U_{T+} 和负向阈值电压 U_{T-} 是不同的，它们之差称为回差，用$\triangle U_T$表示，其值为

$$\Delta U=U_{T+}-U_{T-}$$

电路内部构成了正反馈回路，提高了门电路的工作速度，从而使输出电压的边沿很陡峭；另外，由于存在回差电压，也提高了电路的抗干扰能力。

2）单稳态触发器

单稳态触发器有一个稳态和一个暂稳态，常用于脉冲整形、延时和定时等。单稳态触发器无触发信号时，处于稳态，而要从稳态转换到暂稳态则需外部触发脉冲驱动，经一段时间后，电路自动返回稳定状态。单稳态触发器在暂稳态维持时间的长短取决于定时元件 R、C 的大小，与触发脉冲没有关系。

由 TTL 与非门组成的单稳态触发器，要求 RC 定时电路中的电阻必须小于关门电阻 R_{OFF}，输入微分电路中的电阻必须大于开门电阻 R_{ON}。

集成单稳态触发器分不可重复触发单稳态触发器和可重复触发单稳态触发器两类。

3）多谐振荡器

多谐振荡器又称为无稳态触发器，它没有稳定状态，只有两个暂稳态，是一种常用的能产生周期性矩形脉冲信号的自激振荡电路，依靠电路内部的反馈作用和 R、C 定时元件充、放电过程使两个暂稳态相互自动交换而产生振荡。由门电路构成的多谐振荡器主要有对称多谐振荡器、不对称多谐振荡器和环形多谐振荡器。

4）555 定时器

（1）555 定时器的结构及工作原理。555 定时器是一种应用十分广泛的多功能电路，只需外接少量的阻容元件便可组成施密特触发器、单稳态触发器和多谐振荡器等电路，其原理图如图 7－1－5 所示。

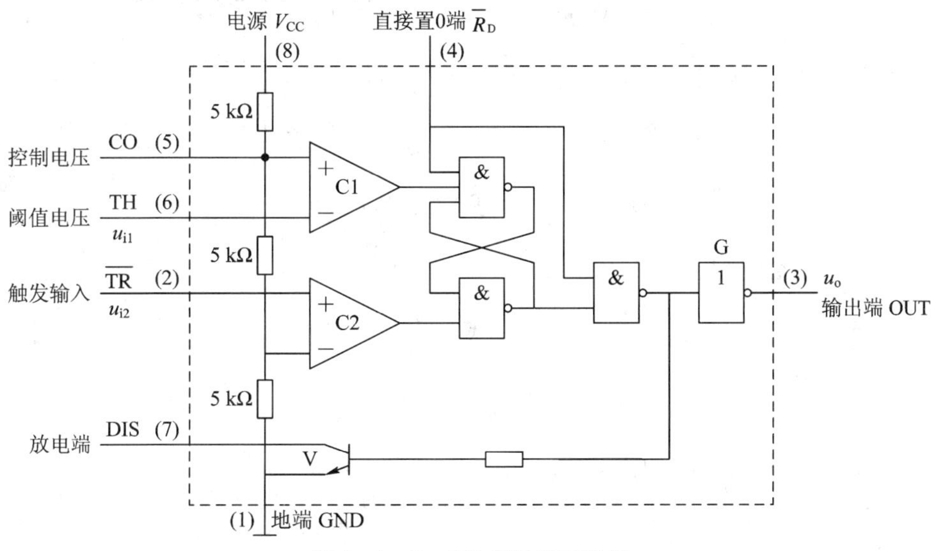

图 7－1－5　555 定时器原理图

555 定时器由三个 5 kΩ 电阻构成的电阻分压器、两个电压比较器、一个与非门构成的基本 RS 触发器、输出缓冲级和放电三极管五部分组成。

4 脚$\overline{R}_D$为直接置 0 端（复位端），当$\overline{R}_D$为低电平时，不管其他输入端的状态如何，输出均为低电平；电路正常工作时，应将其接高电平。

5 脚 CO 为电压控制端，当其悬空时，比较器 C1 和 C2 的参考电压分别为 $U_{C1+}=\frac{2}{3}V_{CC}$，$U_{C2-}=\frac{1}{3}V_{CC}$；若 CO 端外接固定电压，则可改变电压比较器的参考电压。

2 脚$\overline{TR}$为触发输入端，6 脚 TH 为阈值输入端，两端的电位高低控制电压比较器 C1 和 C2 的输出，从而控制基本 RS 触发器的状态，并通过输出缓冲级控制输出端的状态。

555 定时器的功能表如表 7－1－4 所示。

表 7－1－4　555 定时器的功能表

$\overline{R}_D$	TH(u_{I1})	$\overline{TR}$(u_{I2})	u_o	V
0	×	×	0	导通
1	$>\frac{2}{3}V_{CC}$	$>\frac{1}{3}V_{CC}$	0	导通
1	$<\frac{2}{3}V_{CC}$	$<\frac{1}{3}V_{CC}$	1	截止
1	$<\frac{2}{3}V_{CC}$	$>\frac{1}{3}V_{CC}$	不变	不变

(2) 555 定时器的应用。

① 构成施密特触发器。用 555 定时器构成的施密特触发器如图 7－1－6 所示，其电压传输特性具有滞回特性。

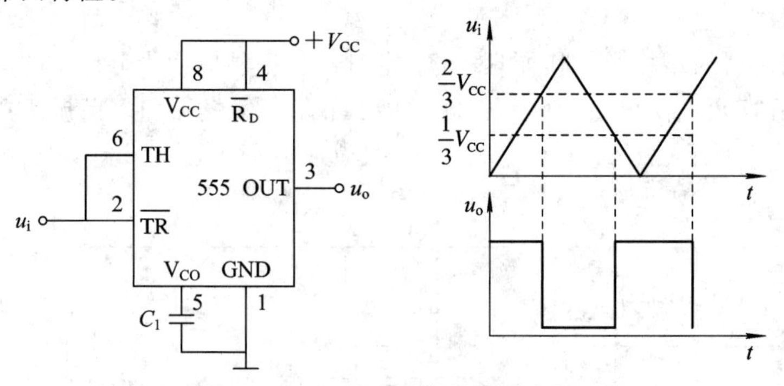

图 7－1－6　施密特触发器及应用

上门限为：$U_{T+}=\frac{2}{3}V_{CC}$；

下门限为：$U_{T-}=\frac{1}{3}V_{CC}$；

回差电压为：$\Delta U=U_{T+}-U_{T-}=\frac{1}{3}V_{CC}$。

若在 5 端外接固定电压，则可改变其上、下门限及回差。

例　5 端外接电压 V'_{CC}，则

上门限为：$U_{T+}=V'_{CC}$；

下门限为：$U_{T-}=\frac{1}{2}V'_{CC}$；

回差电压为：$\Delta U=U_{T+}-U_{T-}=\frac{1}{2}V'_{CC}$。

施密特触发器常用于波形变换，如图 7-1-6 所示，输入为三角波，经施密特触发器后，输出为矩形波。

② 构成单稳态触发器。用 555 定时器构成的单稳态触发器如图 7-1-7 所示，输出由稳态的低电平翻转为暂稳态的高电平依靠外加信号来触发，当输入为有效的低电平时(实际上是下降沿到来的时刻)，输出由 0 翻为 1，输出在高电平维持的时间(即脉冲宽度)取决于定时电路 RC 中 C 的充电时间，与外加的触发信号无关，如图 7-1-7 所示。

脉冲宽度 $t_W=1.1RC$。

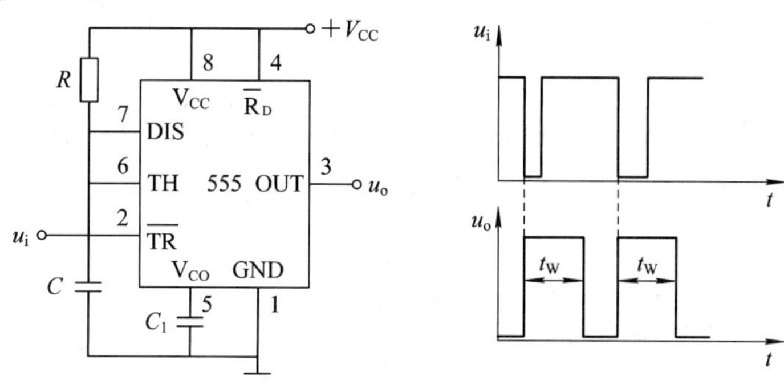

图 7-1-7　单稳态触发器及应用

③ 构成多谐振荡器。用 555 定时器构成的多谐振荡器如图 7-1-8 所示，R_1、R_2、C、555 的放电三极管 V 构成电容的充放电回路，从而使输出在高电平和低电平之间自动翻转，形成振荡。

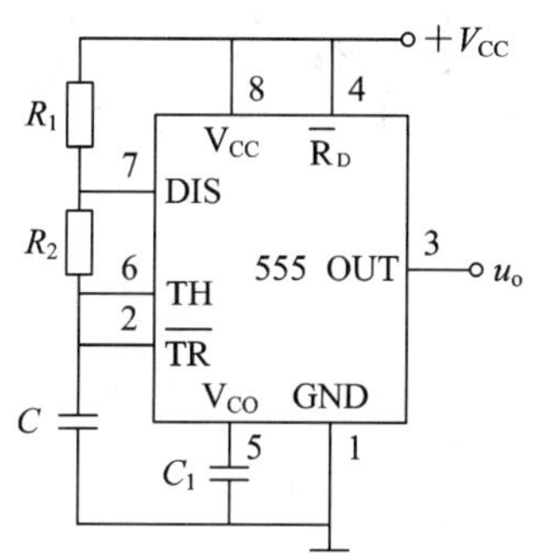

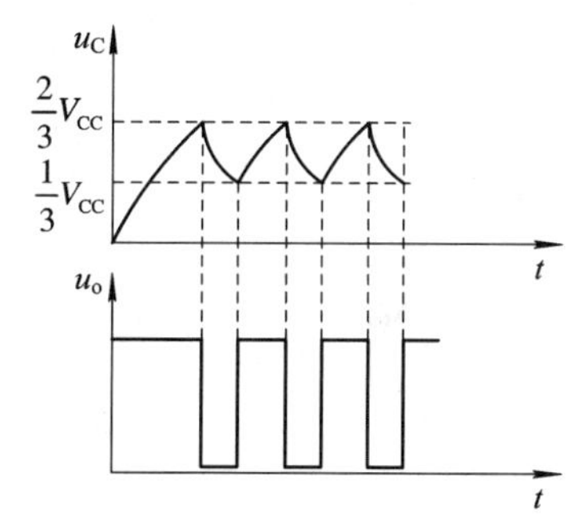

图 7-1-8　多谐振荡器

C 充电时，u_o 为高电平，V 截止，u_C 从 $\frac{1}{3}V_{CC}$ 充电到 $\frac{2}{3}V_{CC}$，其充电回路为

$$V_{CC}\rightarrow R_1\rightarrow R_2\rightarrow C\rightarrow\perp$$

所用时间(脉冲宽度)为

$$T_{W1}=0.7(R_1+R_2)C$$

C 放电时，u_O 为低电平，V 导通，u_C 从 $\frac{2}{3}V_{CC}$ 放电到 $\frac{1}{3}V_{CC}$，其放电回路为

$$C\rightarrow R_2\rightarrow V\rightarrow\perp$$

所用时间(脉冲宽度)为

$$T_{W2}=0.7R_2C$$

则多谐振荡器产生的矩形波的振荡周期为

$$T_{W1}=0.7(R_1+2R_2)C$$

振荡频率为

$$f=\frac{1}{0.7(R_1+2R_2)C}$$

占空比为

$$q=\frac{T_{W1}}{T}=\frac{R_1+R_2}{R_1+2R_2}=\frac{1+\frac{R_2}{R_1}}{1+\frac{2R_2}{R_1}}$$

【归纳与总结】

学生在任务总结的基础上，写出对模块1中知识总的认识和体会。

模块2 555定时器的应用

学习内容：

了解555的实际用途。

学习问题：

模块1中由555构成的多谐振荡器输出的矩形波有什么不足之处，如何改进？

学习要求：

能够灵活地利用555定时器设计一些实用电路。

【模块任务】

任务1 设计门铃电路

(一) 任务要求

要求扬声器在开关S按一下后，以1 kHz的频率持续响5 s左右，然后自动停响。

(二) 元器件

555定时器两片，0.01 μF滤波电容两个，0.22 μF电容两个，20 MΩ电阻一个，2.7 kΩ电阻一个，1.1 kΩ电阻一个，20 kΩ电阻一个，按钮开关一个，扬声器一个。

(三) 任务内容

(1) 画出电路图。

(2) 在面包板上插装此电路，验证其是否符合设计要求。

(3) 焊接印制电路板。

(4) 验证电路。

(四) 任务结论

根据测试与讨论的结果，写出实践研究报告(目的、原理及方法、数据测试、分析及总结)。

任务2 设计花样彩灯电路

(一) 任务要求

10个发光二极管LED摆成星形或花环形，用环型计数器CD4017驱动，计数器的CP由555构成的多谐振荡器产生，通电后，10个LED轮流发光(即任意时刻只有一个亮)。

(二) 元器件

555定时器一片，0.01 μF滤波电容一个，10 μF电容一个，100 kΩ电阻一个，5.1 kΩ电阻一个，620 Ω电阻一个，发光二极管10个，开关一个。

（三）CD4017 芯片

（1）管脚排列如图 7－2－1 所示。

（2）功能表如表 7－2－1 所示。

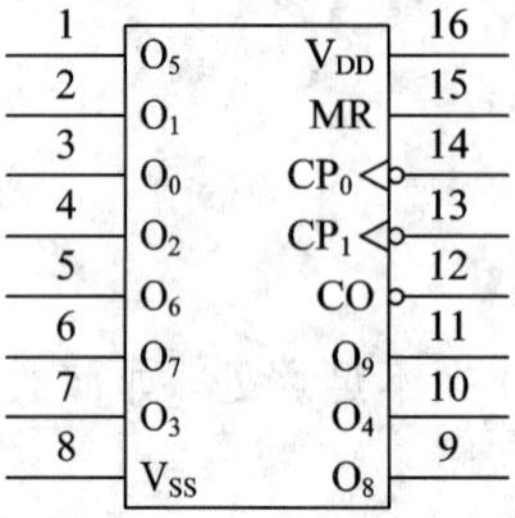

引脚	名称	名称	引脚
1	O_5	V_{DD}	16
2	O_1	MR	15
3	O_0	CP_0	14
4	O_2	CP_1	13
5	O_6	CO	12
6	O_7	O_9	11
7	O_3	O_4	10
8	V_{SS}	O_8	9

图 7－2－1　CD4017 管脚排列图

表 7－2－1　CD 4017 功能表

MR	CP_0	CP_1	工作状态
1	×	×	$O_1 \sim O_9 = 0$ $O_0 = 1$
0	1	↓	计数
0	↑	0	计数
0	0	×	保持
0	×	1	保持
0	1	↑	保持
0	↓	0	保持

（四）任务内容

（1）画出逻辑电路图。

（2）在面包板上插装出此电路，验证其是否符合设计要求。

（3）焊接印制电路板。

（4）验证电路。

（五）任务结论

根据测试与讨论的结果，写出实践研究报告(目的、原理及方法、数据测试、分析及总结)。

【归纳与总结】

学生在任务总结的基础上，写出对模块 2 中知识总的认识和体会。

项目八　组合逻辑电路的分析和设计

模块1　常用的中规模集成组合逻辑器件的应用

学习内容：

(1) 组合逻辑电路的特点。

(2) 组合逻辑电路的分析方法。

(3) 组合逻辑电路的设计方法。

(4) 常用的中规模集成组合逻辑电路的功能和使用方法。

(5) 组合逻辑电路中的竞争和冒险现象。

学习问题：

(1) 组合逻辑电路的主要特点是什么？

(2) 怎样分析一个组合逻辑电路？

(3) 怎样设计一个组合逻辑电路？

(4) 什么叫编码？什么叫编码器？

(5) 什么叫二—十进制编码器？

(6) 一般编码器输入的编码信号为什么是互相排斥的？而优先编码器是否也存在这个问题呢？为什么？

(7) 什么叫译码？什么叫译码器？

(8) 二进制译码器、二—十进制译码器、数码显示译码器之间有哪些主要区别？

(9) 什么叫数据选择器？有什么用途？

(10) 什么叫数据分配器？如何把译码器作为数据分配器来使用？

(11) 什么叫半加器？什么叫全加器？它们各有什么特点？

(12) 什么叫竞争？什么叫冒险？如何判别一个组合逻辑电路是否存在冒险现象？

学习要求：

(1) 了解组合逻辑电路的特点。

(2) 掌握组合逻辑电路的分析方法。

(3) 掌握组合逻辑电路的设计方法。

(4) 掌握中规模集成组合逻辑电路(编码器、译码器、数据选择器、数据分配器、加法器)的功能和使用方法。

(5) 了解组合逻辑电路中的竞争和冒险现象。

【模块任务】

任务1 用4选1数据选择器设计三人表决电路

(一) 任务要求

设计一逻辑电路供三人(A、B、C)表决使用。对于某个提案，如果赞成，则表示为“1”；如果不赞成，则表示为“0”。“1”、“0”用逻辑电平开关产生，表决结果用发光二极管LED来表示。如果多数赞成，提案通过，则灯亮，$Y=1$；反之则不亮，$Y=0$。

(二) 元器件

双4选1数据选择器74LS153一片，620Ω电阻一个，发光二极管一个。

(三) 74LS153芯片

74LS153为双4选1数据选择器，管脚排列如图8-1-1所示，功能表如表8-1-1所示。G'为使能端，低电平有效；两个数据选择器有公共的地址端B、A，而数据输入端(C_0、C_1、C_2、C_3)、输出端(Y)和使能端都是各自独立的。

1	1G'	Vcc	16
2	B	2G'	15
3	1C3	A	14
4	1C2	2C3	13
5	1C1	2C2	12
6	1C0	2C1	11
7	1Y	2C0	10
8	GND	2Y	9

图8-1-1 74LS153管脚排列图

表8-1-1 74LS153功能表

G'	B A	C_0 C_1 C_2 C_3	Y
1	× ×	× × × ×	0
0	0 0	C_0 × × ×	C_0
0	0 1	× C_1 × ×	C_1
0	1 0	× × C_2 ×	C_2
0	1 1	× × × C_3	C_3

(四) 任务内容

(1) 根据设计要求列出真值表。

(2) 写出逻辑表达式。

(3) 以74LS153为核心，画出逻辑电路图。

(4) 在面包板上插装出此电路，验证电路的功能是否符合设计要求。

(五)任务结论

根据测试与讨论的结果，写出实践研究报告(目的、原理及方法、数据测试、分析及总结)。

任务2 用2线-4线译码器和门电路设计故障指示电路

(一) 任务要求

设计一个故障指示电路，要求：

(1) 两台电动机同时工作时，绿灯亮；

(2) 一台电动机发生故障时，黄灯亮；

(3) 两台电动机同时发生故障时，红灯亮。

（二）元器件

双 2 线—4 线译码器 74LS139 一片，74LS00 与非门一片，620 Ω 电阻三个，发光二极管（红、黄、绿）三个。

（三）74LS139 芯片

74LS139 为双 2 线—4 线译码，管脚排列如图 8-1-2 所示，功能表如表 8-1-2 所示。G'为使能端，低电平有效；两个数据选择器数据输入端（B、A）、输出端（Y_0、Y_1、Y_2、Y_3）和使能端都是各自独立的。

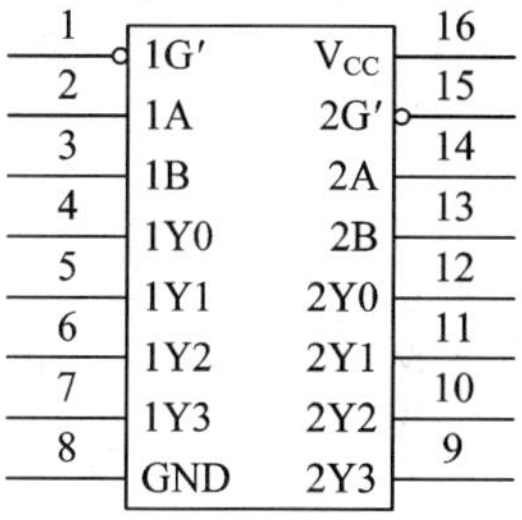

图 8-1-2　74LS139 管脚排列图

表 8-1-2　74LS139 功能表

G'	B	A	Y_0	Y_1	Y_2	Y_3
1	×	×	1	1	1	1
0	0	0	0	1	1	1
0	0	1	1	0	1	1
0	1	0	1	1	0	1
0	1	1	1	1	1	0

（四）任务内容

（1）根据设计要求列出真值表。

（2）写出逻辑表达式。

（3）以 74LS39 为核心，画出逻辑电路图。

（4）在面包板上插装出此电路，验证电路的功能是否符合设计要求。

（五）任务结论

根据测试与讨论的结果，写出实践研究报告（目的、原理及方法、数据测试、分析及总结）。

任务 3　用双 4 选 1 数据选择器 74LS153 和门电路实现一位全加器

（一）任务要求

设计一位全加器，用 74LS153 和门电路实现。

（二）元器件

双 4 选 1 数据选择器 74LS153 一片，74LS00 与非门一片，620 Ω 电阻一个，发光二极管两个（红：指示本位和；绿：指示向高位的进位）。

（三）任务内容

（1）根据设计要求列出真值表。

（2）写出逻辑表达式。

（3）以 74LS153 为核心，画出逻辑电路图。

（4）在面包板上插装出此电路，验证电路的功能是否符合设计要求。

(四) 任务结论

根据测试与讨论的结果，写出实践研究报告(目的、原理及方法、数据测试、分析及总结)。

【模块理论指导】

1. 模块基本要求

掌握　组合逻辑电路的分析与设计方法；常用的中规模集成组合逻辑器件的功能及使用方法。

理解　常用的中规模集成组合逻辑器件的工作原理。

了解　组合逻辑电路的竞争—冒险现象及其产生的原因，消除竞争—冒险现象的方法。

2. 模块重点和难点

重点　组合逻辑电路的分析与设计方法；常用的中规模集成组合逻辑器件的功能及使用方法。

难点　组合逻辑电路的竞争—冒险现象的判别及消除方法。

3. 模块知识点

1）组合逻辑电路的特点

由门电路组合而成，电路在任一时刻的输出状态只取决于该时刻输入状态的组合，而与电路原来的状态无关，即没有记忆功能。

2）组合逻辑电路的分析方法

分析组合逻辑电路的目的是为了了解电路的逻辑功能。分析步骤如下：

(1) 根据给定的组合逻辑电路，由输入到输出逐级写出各级门电路的表达式，最后求出电路输出对输入的逻辑表达式。

(2) 列出输入变量的所有取值组合，代入逻辑函数式中求输出，得到逻辑函数的真值表。

(3) 根据真值表分析组合逻辑电路逻辑功能。

3）组合逻辑电路的设计方法

组合逻辑电路的设计，就是根据逻辑功能要求，设计出能实现该功能的最佳电路。设计步骤如下：

(1) 由设计要求确定输入变量和输出变量及它们之间的逻辑关系，列出真值表。

(2) 由真值表写出输出逻辑式，它实际上为标准与或表达式，即最小项表达式。

(3) 根据所采用的逻辑器件对逻辑表达式进行化简和变换，一般用卡诺图法或代数法进行化简。

(4) 根据逻辑表达式画出逻辑电路图。

4）常用的中规模集成组合逻辑器件

(1) 编码器。将二进制数按一定规则组成代码表示特定对象的过程，称为编码。能实现编码功能的逻辑电路称为编码器。常用的编码器有二进制编码器、二—十进制编码器(又称为10线/4线编码器)，其功能和特点如表8-1-3所示。

表 8-1-3　编码器功能和特点

<table>
<tr><th colspan="2">名　称</th><th>方框图</th><th>功　能</th><th>特　点</th></tr>
<tr><td rowspan="2">互斥编码器</td><td>二进制编码器</td><td> 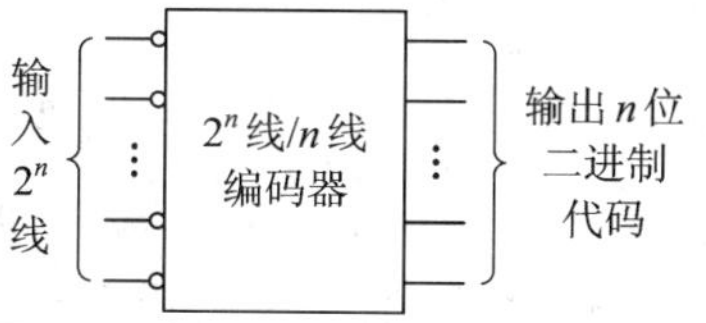输入 2^n 线；2^n 线/n 线编码器；输出 n 位二进制代码</td><td>用 n 位二进制代码对 2^n 个输入信号进行编码的逻辑电路</td><td rowspan="2">输入低电平有效，任一时刻只能有一个输入端为有效状态</td></tr>
<tr><td>二—十进制编码器</td><td> 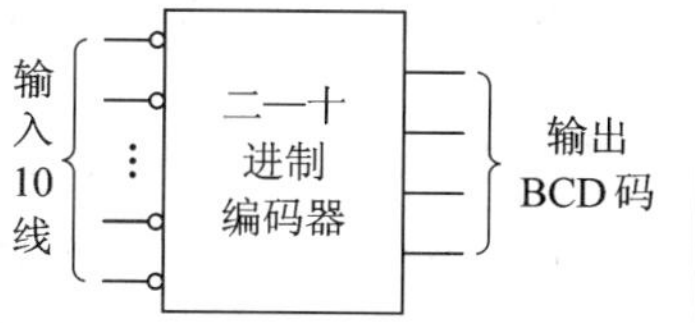输入 10 线；二—十进制编码器；输出 BCD 码</td><td>将 0～9 十个十进制数转换为 BCD 码</td></tr>
<tr><td rowspan="2">优先编码器</td><td>二进制编码器</td><td colspan="3" rowspan="2">所有的输入端优先顺序不同，若某一时刻几个输入端同时输入有效信号，则编码器只对优先权最高的一个进行编码</td></tr>
<tr><td>二—十进制编码器</td></tr>
</table>

(2) 译码器。将二进制代码表示的特定信号按原意翻译出来的过程，称为译码，它是编码的逆过程。实现译码功能的逻辑电路，称为译码器。常用的有二进制译码器、二—十进制译码器(又称为 4 线/10 线译码器)和显示译码器(又称为 4 线/7 线译码器)，其功能和特点如表 8-1-4 所示。

表 8-1-4　译码器功能和特点

<table>
<tr><th>名　称</th><th>方框图</th><th>功　能</th><th>特　点</th></tr>
<tr><td>二进制译码器</td><td> 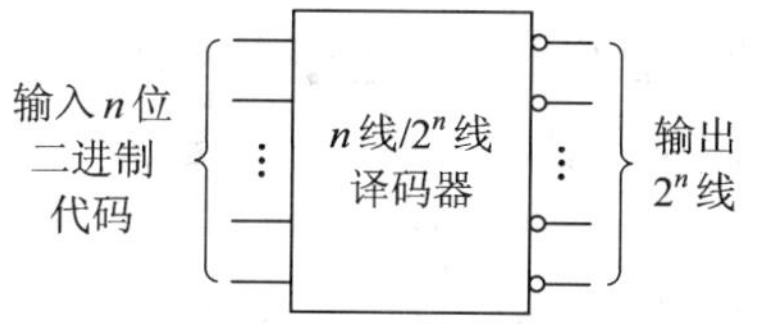输入 n 位二进制代码；n 线/2^n 线译码器；输出 2^n 线</td><td>将输入二进制代码的各种状态按原意译成对应输出信号</td><td rowspan="2">输出低电平有效，任一时刻只能有一个输出端为有效状态</td></tr>
<tr><td>二—十进制译码器</td><td> 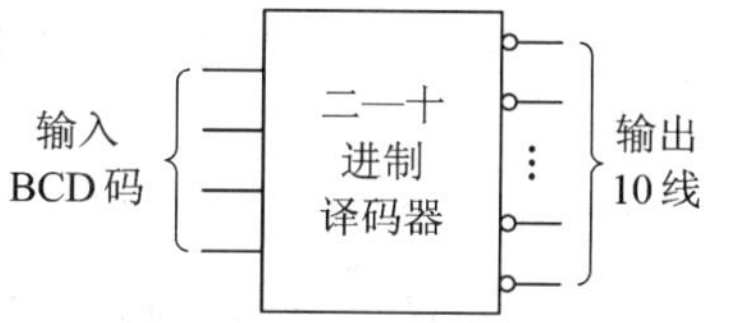输入 BCD 码；二—十进制译码器；输出 10 线</td><td>将 4 位 BCD 码的十组代码译成 0～9 十个对应输出信号</td></tr>
<tr><td rowspan="2">显示译码器</td><td> 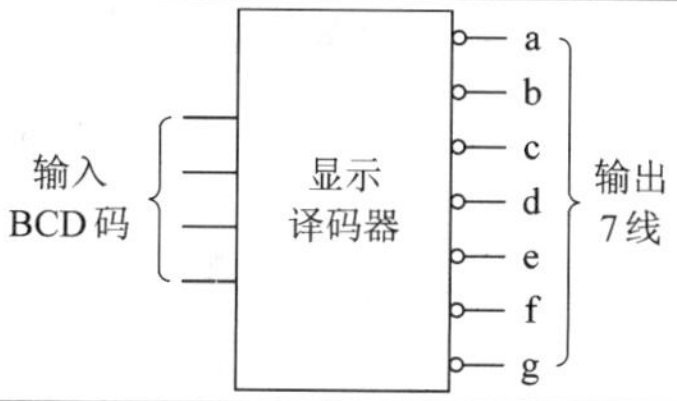输入 BCD 码；显示译码器；输出 7 线 (a b c d e f g)</td><td rowspan="2">输入一般为 BCD 码，输出为七段，用以驱动七段半导体数码显示器</td><td>输出低电平有效时，驱动共阳接法半导体数码显示器</td></tr>
<tr><td> 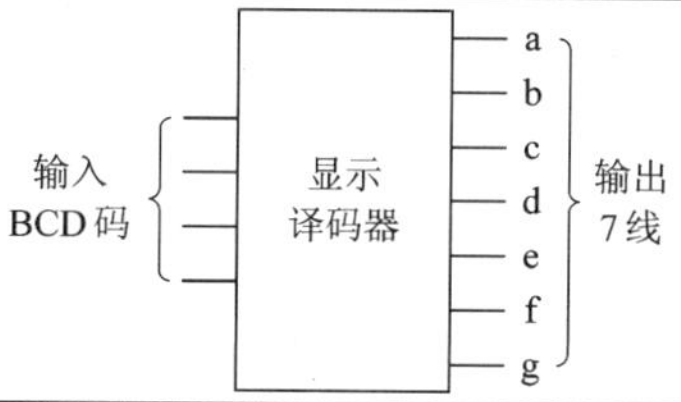输入 BCD 码；显示译码器；输出 7 线 (a b c d e f g)</td><td>输出高电平有效时，驱动共阴接法半导体数码显示器</td></tr>
</table>

二进制译码器可构成组合逻辑函数发生器，方法如下：

① 当二进制译码器输出高电平有效时，每个输出为输入变量的一个最小项，如 2 线/4 线译码器的四个输出表达式分别为

$$Y_0 = \overline{A}_1 \overline{A}_0,\quad Y_1 = \overline{A}_1 A_0,\quad Y_2 = A_1 \overline{A}_0,\quad Y_3 = A_1 A_0$$

构成函数发生器时，逻辑函数包含的最小项用相应的输出附加或门即可。

② 当二进制译码器输出低电平有效时，每个输出为输入变量的一个最小项的非，如 2 线/4 线译码器的四个输出表达式分别为

$$\overline{Y_0} = \overline{\overline{A}_1 \overline{A}_0},\quad \overline{Y_1} = \overline{\overline{A}_1 A_0},\quad \overline{Y_2} = \overline{A_1 \overline{A}_0},\quad \overline{Y_3} = \overline{A_1 A_0}$$

构成函数发生器时，逻辑函数包含的最小项用相应的输出附加与非门即可。

(3) 数据选择器和分配器。

① 数据选择器。数据选择器可根据地址码的要求，从多个输入信号(数据)中选择其中一路送到输出端。四选一的数据选择器需有 2 位地址码，共有 $2^2=4$ 种不同的组合，每一种组合可选择对应的一路输入数据输出；而八选一的数据选择器需 3 位地址码，其余类推。

下面以图 8-1-3 所示的四选一数据选择器为例，说明它的功能，$D_0 \sim D_3$ 为输入数据，$A_1 A_0$ 为地址码，输出为 Y，则

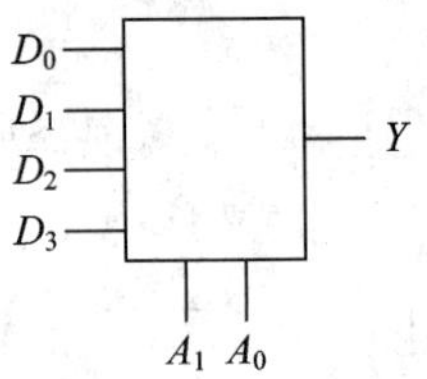

图 8-1-3 四选一选择器

$$Y = \overline{A}_1 \overline{A}_0 D_0 + \overline{A}_1 A_0 D_1 + A_1 \overline{A}_0 D_2 + A_1 A_0 D_3 = \sum_{i=0}^{3} m_i D_i$$

其中，m_i 为地址变量的最小项，D_i 为输入的数据。

由上式可看出，当输入数据全部为高电平 1 时，输出为输入地址变量全部最小项的和，因此，用数据选择器可很方便地实现单输出组合逻辑函数。具体方法是：

· 若逻辑函数的变量个数和数据选择器的地址码位数相同，则逻辑函数的表达式中包含数据选择器地址变量的某个最小项时，则相应的数据取 1，即 $D_i=1$；否则 $D_i=0$。

· 若逻辑函数的变量个数大于数据选择器的地址码位数，则需要分离变量。

② 数据分配器。数据分配器根据地址码的要求，将一路输入数据分配到指定输出通道上，又称多路分配器。四路分配器需有 2 位地址码，每一种组合可将输入数据送到相应的输出端；而 8 路分配器需 3 位地址码，其余类推。如将译码器的使能端作为数据输入端，二进制代码输入端作为地址码的输入端使用时，则译码器便成为一个数据分配器。

下面以图 8-1-4 所示的四路分配器为例，说明它的功能。D 为输入数据，$A_1 A_0$ 为地址码，$Y_0 \sim Y_3$ 为数据输出端，则

$$\begin{cases} Y_0 = \overline{A}_1 \overline{A}_0 D_0 \\ Y_1 = \overline{A}_1 A_0 D_1 \\ Y_2 = A_1 \overline{A}_0 D_2 \\ Y_3 = A_1 A_0 D_3 \end{cases}$$

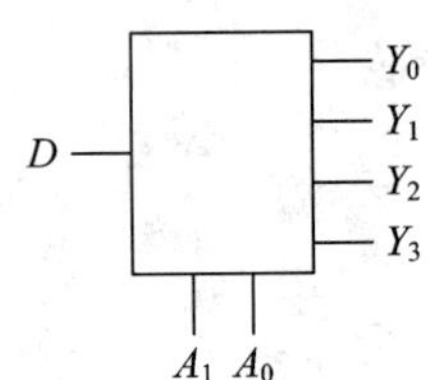

图 8-1-4 四路分配器

(4) 加法器和数值比较器。

① 半加器：只考虑两个 1 位二进制数相加，而不考虑来自低

位的进位，如图 8－1－5 所示。

② 全加器：不仅考虑两个 1 位二进制数相加，而且还考虑来自低位的进位，如图 8－1－6所示。1 位全加器可实现 1 位二进制数相加，若进行多位二进制数相加，则需将多个全加器级联组成多位加法器。串行进位加法器高位必须等到低位运算完成后才能进行运算，因此运算速度比较慢；而超前进位加法器各级进位是同时完成的，因此运算速度快。

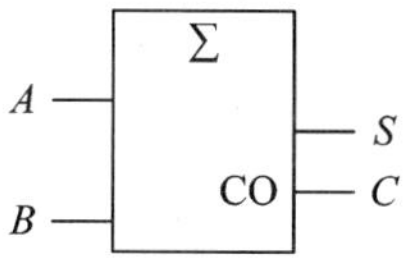

图8－1－5　半加器

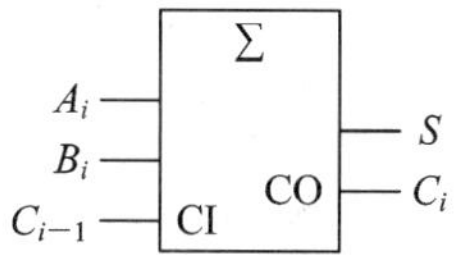

图 8－1－6　全加器

（5）数值比较器。数值比较器能够判断两个多位二进制数的大小或是否相等。

两个多位二进制数比较时，应从高位到低位逐位进行比较。高位相等时，才需要比较低位，当比较到某一位数值不等时，其结果便为两个多位二进制数的大小比较结果；若从高位到低位都相等，则这两个数相等。

5）组合逻辑电路中的竞争和冒险

（1）竞争。由于信号通过连线和集成门时都有一定的时间延迟，可能会造成同一个门的各个信号到达此门的时间有先有后，产生了一定的时间差，这种现象称为竞争。

（2）冒险。由于竞争的存在，使输出端产生的不应有的尖峰干扰脉冲的现象，称为冒险。

在组合逻辑电路中，竞争是普遍存在的。竞争产生的尖峰干扰脉冲有可能会破坏电路的正常逻辑功能。

（3）冒险现象的判断。当逻辑函数的输出表达式在一定条件下能化简为 $Y = A \cdot \overline{A}$ 或 $Y = A + \overline{A}$ 的形式时，则说明电路存在冒险现象。

（4）消除冒险现象的方法：

① 加选通脉冲。

② 输出端加滤波电容。

③ 修改逻辑设计。

【归纳与总结】

学生在任务总结的基础上，写出对模块 1 中知识总的认识和体会。

模块 2 实用组合逻辑电路的设计

学习内容：

了解实用组合逻辑电路的设计方法。

学习问题：

本模块任务 1 中，若要求有人抢答的瞬间，有一个 5 s 左右的声响提示，该功能应该如何实现？

学习要求：

掌握实用组合逻辑电路的设计过程。

【模块任务】

任务 改进的四人抢答电路

(一) 任务要求

四人(A、B、C、D)参加抢答，台位分别为 1、2、3、4。抢答前，主持人先清零；抢答开始，哪位选手先按下抢答按钮，七段数码显示器显示其台位号，在下一轮抢答开始前，此显示应能保持下来，即此后再有其他选手再按其他按钮，也不起作用，本轮抢答完毕后，主持人清零，进入下一轮抢答。

(二) 元器件

CD4042 锁存器一片，74LS00 两输入与非门一片，74LS20 四输入与非门一片，74LS47 译码器一片，七段数码管显示器一个，按钮五个、电阻若干。

(三) 芯片识别

1. CD4042 芯片

CD4042 为四路 D 锁存器，其管脚排列如图 8-2-1 所示，功能表如表 8-2-1 所示，E_0、E_1 为控制端，$D_0 \sim D_3$ 为置数端，$O_0 \sim O_3$ 为触发器的 Q 输出端，$O_0' \sim O_3'$ 为触发器的 $\overline{Q}$ 输出端，E_0 与 E_1 相同时置数，相异时保持。

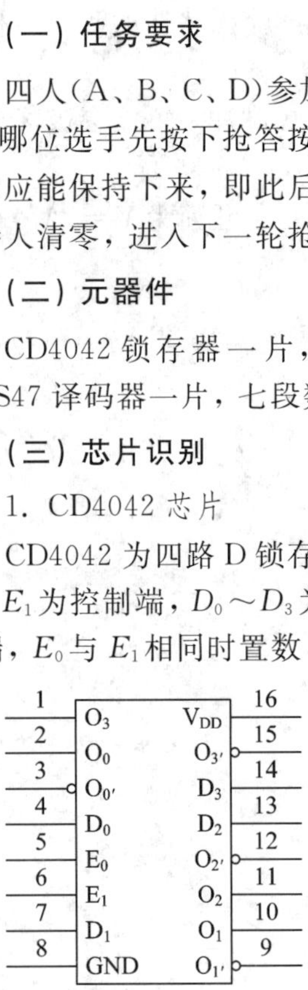

图 8-2-1 CD4042 管脚排列图

表 8-2-1 CD4042 功能表

E_0	E_1	D_n	O_n
0	0	×	D_n
0	1	×	保持
1	0	×	保持
1	1	×	D_n

2. 74LS47 芯片

74LS47 七段译码器管脚排列如图 8-2-2 所示，D、C、B、A 为输入端，输入为 8421 码，O_A～O_G 为输出端，驱动七段数码管显示器。正常译码时，3、4、5 为高电平，可悬空。

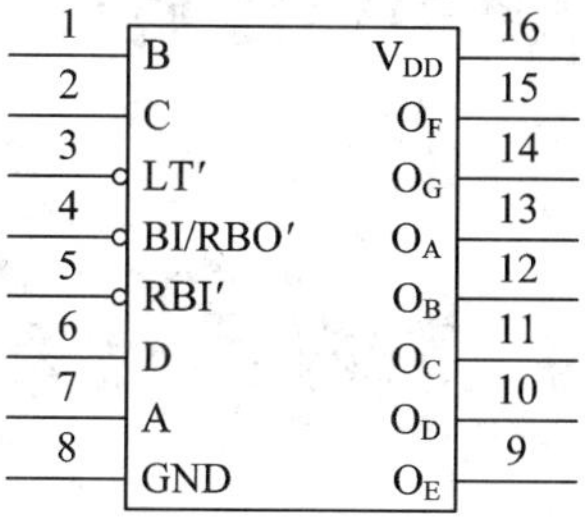

引脚	名称	名称	引脚
1	B	V_{DD}	16
2	C	O_F	15
3	LT′	O_G	14
4	BI/RBO′	O_A	13
5	RBI′	O_B	12
6	D	O_C	11
7	A	O_D	10
8	GND	O_E	9

图 8-2-2　74LS47 管脚排列图

（四）任务内容

（1）根据设计要求画出原理方框图。

（2）画出逻辑电路图。

（3）在面包板上插装此电路，验证电路的功能是否符合设计要求。

（五）任务结论

根据测试与讨论的结果，写出测试研究报告（目的、原理及方法、数据测试、分析及总结）。

【归纳与总结】

学生在任务总结的基础上，写出对模块 2 中知识总的认识和体会。

项目九 时序逻辑电路的分析和设计

模块1 时序逻辑电路的分析

学习内容：

(1) 时序逻辑电路的特点。

(2) 时序逻辑电路的分析方法。

学习问题：

(1) 时序逻辑电路的主要特点是什么？它和组合逻辑电路的区别是什么？

(2) 什么是同步时序逻辑电路和异步时序逻辑电路？它们各有哪些优缺点？

(3) 同步时序逻辑电路和异步时序逻辑电路的分析方法主要区别在哪里？

学习要求：

(1) 了解时序逻辑电路的特点。

(2) 掌握时序逻辑电路的分析方法，以同步时序逻辑电路为重点。

【模块任务】

任务1 测试JK触发器构成的二进制计数器的逻辑功能

(一) 任务要求

测试JK触发器构成的二进制计数器的功能。

(二) 任务内容

(1) 图9-1-1为用JK触发器构成的三位异步二进制加法计数器的原理图，分析其工作原理。

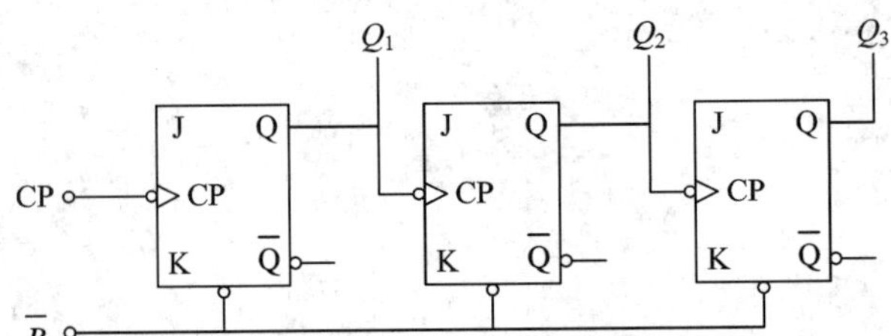

图9-1-1 JK触发器构成三位二进制计数器

(2) 给定元器件：74LS73两片，发光二极管三个，620 Ω电阻三个。

(3) 按图9-1-1所示在面包板上插装出电路，计数输出结果用发光二极管来显示，灯亮记为"1"，灯不亮记为"0"。先在CP端输入点脉冲，按"启动"按钮，观察发光二极管的状态，记入表 9－1－1 中，并将三位二进制数转换为十进制数，也记入表 9－1－1 中；然后在 CP 端输入连续脉冲，用示波器的 Y1 通道观察 CP 波形，用 Y2 通道分别观察并记录 Q_1、Q_2、Q_3的波形，记入图 9－1－2 中。

（4）总结二进制计数器计数和分频的功能。

表 9－1－1　三位异步二进制加法计数器数据

脉冲序号	二进制码			十进制数
CP	Q_3	Q_2	Q_1	
0				
1				
2				
3				
4				
5				
6				
7				
8				

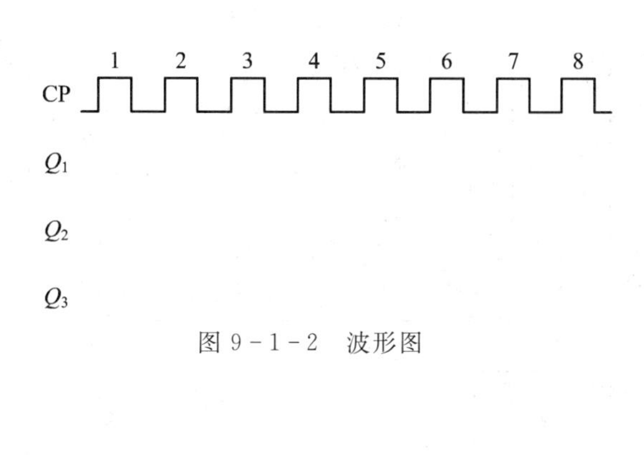

图 9－1－2　波形图

（三）任务结论

根据测试与讨论的结果，写出实践研究报告(目的、原理及方法、数据测试、分析及总结)。

任务 2　测试 JK 触发器构成的十进制计数器的逻辑功能

（一）任务要求

测试 JK 触发器和门电路构成的十进制计数器的功能。

（二）任务内容

（1）图 9－1－3 为用 JK 触发器和门电路构成的异步十进制加法计数器的原理图，分析其工作原理。

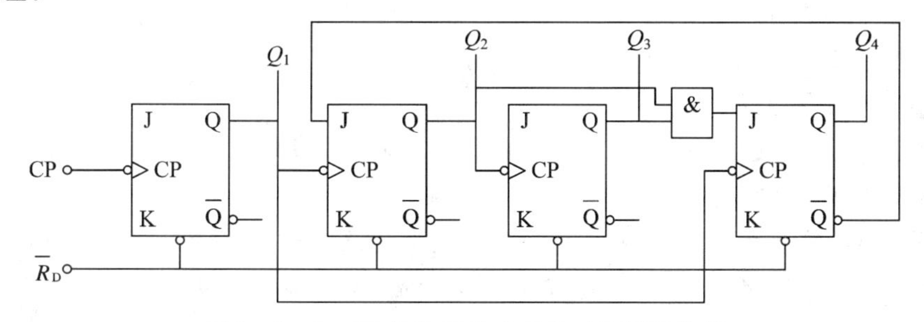

图 9－1－3　JK 触发器构成三位二进制计数器

（2）给定元器件：74LS73 两片，74LS00 一片，发光二极管四个，620 Ω 电阻四个。

（3）按图 9－1－3 所示在面包板上插装电路，计数输出结果用发光二极管来显示，灯亮记为“1”，灯不亮记为“0”。先在 CP 端输入点脉冲，按“启动”按钮，观察发光二极管的状态，记入表 9-1-2 中，并将 8421BCD 码转换为十进制数，也记入表 9-1-2 中；然后在 CP 端输入连续脉冲，用示波器的 Y1 通道观察 CP 波形，用 Y2 通道分别观察并记录 Q_1、Q_2、Q_3、Q_4 的波形，记入图 9-1-4 中。

表 9-1-2　十进制计数器的测试数据

脉冲序号	8421BCD 码				十进制数
CP	Q_4	Q_3	Q_2	Q_1	
0					
1					
2					
3					
4					
5					
6					
7					
8					
9					
10					

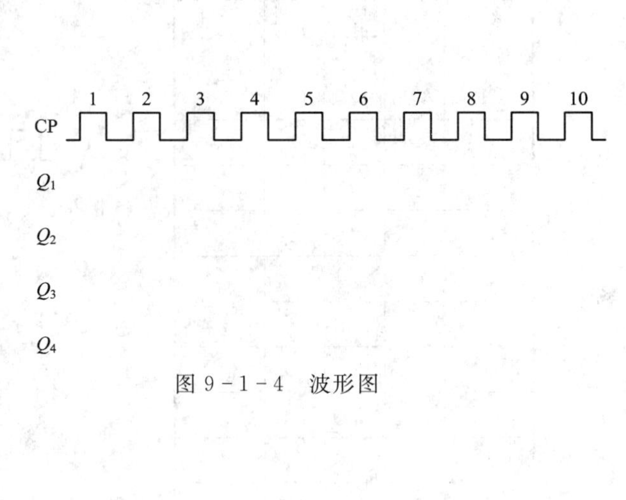

图 9-1-4　波形图

（三）任务结论

根据测试与讨论的结果，写出实践研究报告(目的、原理及方法、数据测试、分析及总结)。

【模块理论指导】

1. 模块基本要求

掌握　时序逻辑电路的分析方法。

理解　同步时序电路的基本设计方法。

了解　顺序脉冲产生电路。

2. 模块重点和难点

重点　时序逻辑电路的分析。

难点　同步时序电路的设计。

3. 模块知识点

1）时序逻辑电路的特点

时序逻辑电路在任何时刻的输出状态不仅取决于该时刻的输入信号，而且还与电路原来的状态有关，即有记忆功能。时序逻辑电路包含组合电路和存储电路，因为要求时序逻辑电路有记忆功能，所以存储电路必不可少。

2）时序逻辑电路的分类

按时钟脉冲 CP 控制方式不同分为同步时序逻辑电路和异步时序逻辑电路。

(1) 同步时序逻辑电路：电路中各触发器都受同一时钟 CP 控制，并且状态的翻转是在同一时刻。

(2) 异步时序逻辑电路：电路中各触发器不是全部用同一个时钟 CP 触发，其状态的转换不是同时进行的。

3) 时序逻辑电路的分析方法

分析时序逻辑电路的目的是找出电路在输入信号及时钟脉冲的作用下的状态转换和输出变化的规律，从而了解电路的逻辑功能。

(1) 同步时序逻辑电路的分析。其步骤如下：

① 由给定的逻辑电路，写出电路的输出方程及各个触发器的驱动方程。

② 把驱动方程代入各个触发器的特性方程，得到每个触发器的状态方程。

③ 由状态方程和输出方程列出状态转换真值表。

④ 画出状态转换图。

⑤ 检查电路能否自启。

⑥ 分析功能。

(2) 异步时序逻辑电路的分析。在同步的基础上，写出每个触发器的时钟方程，在状态转换表中加上每个触发器的时钟，各个触发器只有在满足时钟条件时，其状态方程才能使用，否则不能用，进而得到异步时序电路的状态转换表，分析功能。

【归纳与总结】

学生在任务总结的基础上，写出对模块 1 中知识总的认识和体会。

模块2　常用的中规模集成时序逻辑电路的应用

学习要求：

(1) 计数器功能及其应用。

(2) 寄存器功能及其应用。

(3) 常用的中规模集成时序逻辑电路的功能和使用方法。

(4) 同步时序逻辑电路的设计方法。

学习问题：

(1) 计数器的异步置0与同步置0功能有什么区别？异步置数和同步置数呢？

(2) 什么叫寄存器？什么叫移位寄存器？它们有哪些异同点？

(3) 环形计数器和扭环计数器各有什么特点？

学习要求：

(1) 掌握常用的中规模集成时序逻辑电路的使用方法。

(2) 了解同步时序逻辑电路的设计方法。

【模块任务】

任务1　中规模集成计数、译码显示电路系统功能测试

(一) 任务要求

用十进制集成计数器74LS90构成十进制以内的任意进制计数器，并用译码显示电路显示出十进制数码。

(二) 任务内容

1. 74LS90芯片

74LS90可直接作为二进制、五进制、十进制计数器用，管脚排列如图9-2-1所示，1CP、2CP为时钟端，NC为空脚。74LS90芯片功能如表9-2-1所示。

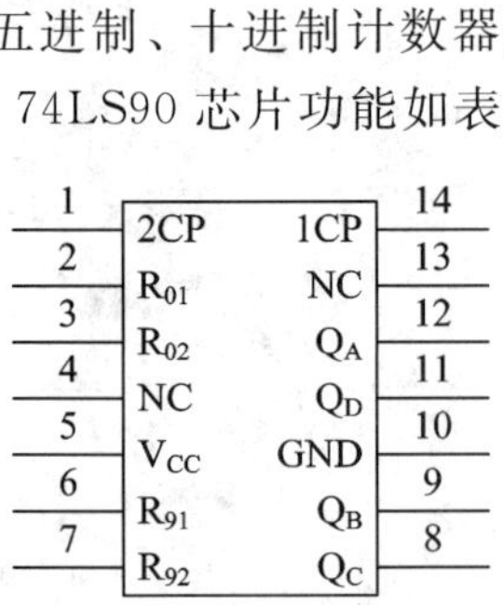

管脚	左侧	右侧	管脚
1	2CP	1CP	14
2	R_{01}	NC	13
3	R_{02}	Q_A	12
4	NC	Q_D	11
5	V_{CC}	GND	10
6	R_{91}	Q_B	9
7	R_{92}	Q_C	8

图9-2-1　74LS90芯片管脚排列图

(1) 计数脉冲从1CP端进，从Q_A端输出，为二进制计数器；

(2) 计数脉冲从2CP端进，从$Q_CQ_BQ_A$端输出，为五进制计数器；

(3) 2CP 与 Q_A 相连，计数脉冲从 1CP 端进，从 $Q_DQ_CQ_BQ_A$ 端输出，为十进制计数器。

表 9-2-1　74LS90 功能表

R_{01}	R_{02}	R_{91}	R_{92}	Q_D	Q_C	Q_B	Q_A
1	1	0	×	0	0	0	0
1	1	×	0	0	0	0	0
×	×	1	1	1	0	0	1
×	0	×	0	计数			
0	×	0	×	计数			
0	×	×	0	计数			
×	0	0	×	计数			

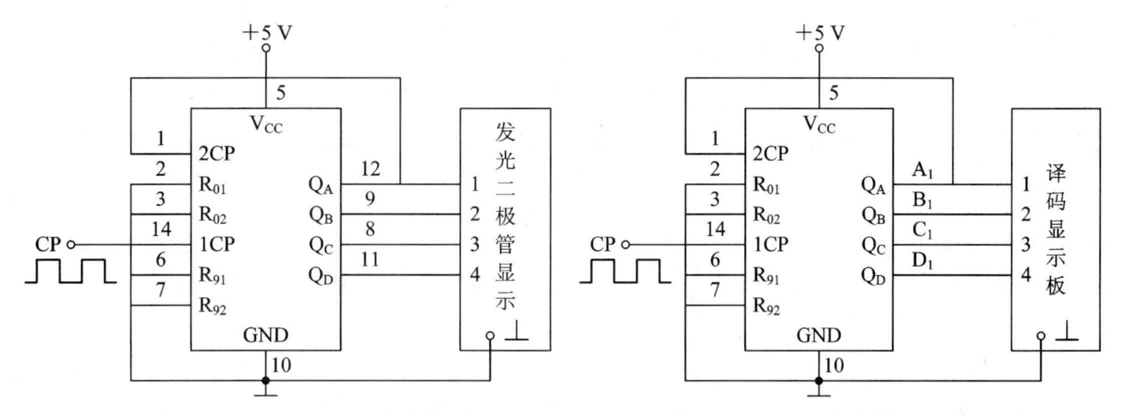

图 9-2-2　74LS90 芯片功能测试　　　图 9-2-3　计数译码显示电路

2. 74LS90 功能测试

(1) 按图 9-2-2 所示连接电路，接通电源。

表 9-2-2　74LS90 测试数据

CP	Q_D　Q_C　Q_B　Q_A	十进制数
0		
1		
2		
3		
4		
5		
6		
7		
8		
9		
10		

(2) 清零：若计数前输出不为“0000”，则将 R_{01}、R_{02} 悬空，清零完毕后，将 R_{01}、R_{02} 接地。

(3) 用“点脉冲”作计数脉冲，将结果记入表 9-2-2 第二列中。

(4) 将图 9-2-2 中 LED 显示电路改为图 9-2-3 所示的译码显示板，重复步骤(2)，将结果记入表 9-2-2 第三列中。

(三) 任务结论

根据测试与讨论的结果，写出实践研究报告(目的、原理及方法、数据测试、分析及总结)。

任务 2　设计抢答计时电路

(一) 任务要求

在项目八模块 2 任务 1 的基础上设计此抢答电路的计时电路，要求主持人宣布抢答开始时计时，30 s 内没人抢答，蜂鸣器报警(响 5 s 左右)，此题作废；若 30 s 内有人抢答，60 s内(包含抢答的 30 s)没答完，蜂鸣器报警(响 5 s 左右)。限时时间用数码管显示器显示出来，秒信号由 555 定时器构成的多谐振荡器产生。

(二) 元器件

四位同步二进制加法计数器 74LS161 两片，七段译码器 74LS47 两片，数码管显示器两个，555 定时器两片，47 μF 电容一个，0.01 μF 电容两个，10 kΩ 电阻四个，100 kΩ 电阻一个，蜂鸣器一个，按钮开关 5 个。

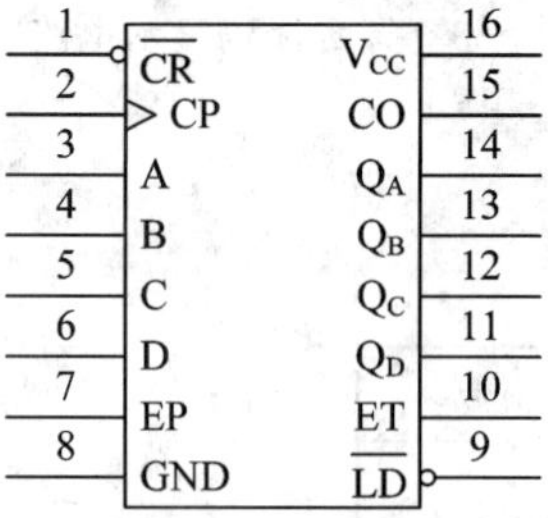

图 9-2-4　74LS161 管脚排列图

表 9-2-3　74LS161 功能表

$\overline{CR}$	$\overline{LD}$	EP	ET	CP	Q_D　Q_C　Q_B　Q_A
0	×	×	×	×	0　0　0　0
1	0	×	×	↑	D　C　B　A
1	1	1	1	↑	计　数
1	1	0	×	×	保　持 且 CO＝ $Q_DQ_CQ_BQ_A$
1	1	×	0	×	保　持 且 CO＝0

(三) 74LS161 芯片

管脚排列如图 9-2-4 所示，功能表如表 9-2-3 所示。

(四) 任务内容

(1) 根据设计要求画出方框图。

(2) 画出逻辑图。

(3) 在面包板上插装此电路，验证电路的功能是否符合设计要求。

(五) 任务结论

根据测试与讨论的结果，写出实践研究报告(目的、原理及方法、数据测试、分析及总结)。

任务 3　设计彩灯控制电路

（一）任务要求

以双向移位寄存器 74LS194 为核心，设计一个彩灯控制电路，要求四个发光二极管 LED 从左到右依次点亮，然后再从左到右依次熄灭，时钟脉冲 CP 由 555 定时器构成的多谐振荡器产生。

（二）元器件

双向移位寄存器 74LS194 一片，发光二极管 LED 四个，与非门 74LS00 一片，555 定时器一片，47 μF 电容一个，0.01 μF 电容一个，1 kΩ 电阻四个，10 kΩ 电阻两个。

（三）74LS194 芯片

管脚排列如图 9－2－5 所示，功能表如表 9－2－4 所示。

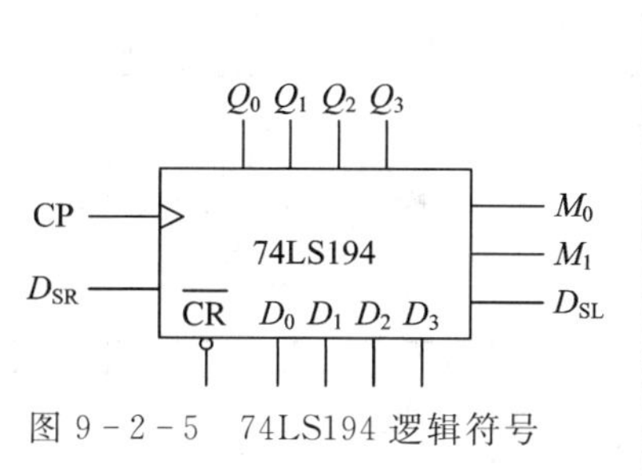

图 9－2－5　74LS194 逻辑符号

表 9－2－4　74LS194 功能表

$\overline{CR}$	M_1	M_0	CP	D_{SL}	D_{SR}	Q_0 Q_1 Q_2 Q_3
0	×	×	×	×	×	0　0　0　0
1	0	0	×	×	×	保持
1	0	1	↑	×	0	0　Q_0　Q_1　Q_2
				×	1	1　Q_0　Q_1　Q_2
1	1	0	↑	0	×	Q_1　Q_2　Q_3　0
				1	×	Q_1　Q_2　Q_3　1
1	1	1	↑	×	×	D_0　D_1　D_2　D_3

（四）任务内容

（1）画出逻辑图。

（2）在面包板上插装出此电路，验证电路的功能是否符合设计要求。

（五）任务结论

根据测试与讨论的结果，写出实践研究报告(目的、原理及方法、数据测试、分析及总结)。

【模块理论指导】

1. 模块基本要求

掌握　常用中规模集成时序逻辑器件(计数器、寄存器)的逻辑功能及使用方法；集成计数器构成任意进制计数器的方法。

理解　同步时序电路的基本设计方法。

了解　顺序脉冲产生电路。

2. 模块重点和难点

重点　常用集成时序逻辑器件的应用。

难点　同步时序电路的设计。

3. 模块知识点

1）计数器

计数器是用以累计输入时钟脉冲 CP 个数的电路。

计数器累计输入脉冲的最大数目称为计数器的模，用 M 表示，如六制计数器的 $M=6$。

（1）计数器的分类。

① 按计数进制分：二进制计数器、十进制计数器、任意进制计数器（除二进制和十进制计数器之外的其他进制计数器）。

② 按计数增减分：加法计数器、减法计数器、加/减计数器。

③ 按时钟脉冲控制方式分：同步计数器、异步计数器。同步计数器的计数速度比异步的快得多。

（2）常用的中规模集成计数器。

① CT74LS290：异步二—五—十进制计数器。它包含四个触发器，最低位为独立的二进制计数器，高三位构成五进制计数器，四个触发器级联构成十进制计数器。其逻辑符号如图 9-2-6 所示，功能表如表 9-2-5 所示。

图 9-2-6　74LS290 逻辑符号

表 9-2-5　74LS290 功能表

输　入			输　出
$R_{0A}\cdot R_{0B}$	$S_{9A}\cdot S_{9B}$	CP	$Q_3Q_2Q_1Q_0$
1	0	×	0000
0	1	×	1001
0	0	↓	计数

② CT74LS161：四位二进制同步加法计数器。它包含四个触发器，各触发器状态的改变是在时钟的上升沿完成的，具有异步置 0、同步置数功能。其逻辑符号如图 9-2-7 所示，功能表如表 9-2-6 所示。

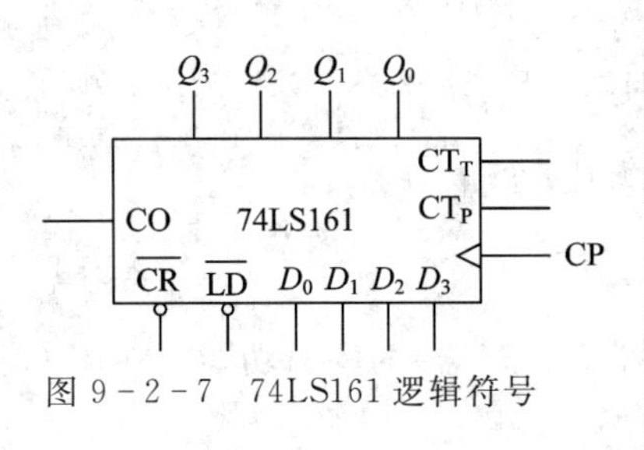

图 9-2-7　74LS161 逻辑符号

表 9-2-6　74LS161 功能表

$\overline{CR}$	$\overline{LD}$	CT_P	CT_T	CP	$Q_3Q_2Q_1Q_0$
0	×	×	×	×	0000
1	0	×	×	↑	$D_3D_2D_1D_0$
1	1	0	1	×	保持 $CO=Q_3Q_2Q_1Q_0$
1	1	×	0	×	保持且 CO=0
1	1	1	1	↑	计数

③ CT74LS163：四位二进制同步加法计数器。它包含四个触发器，各触发器状态的改变是在时钟的上升沿完成的，具有同步置 0、同步置数功能。其逻辑符号如图 9-2-8 所示，功能表如表 9-2-7 所示。

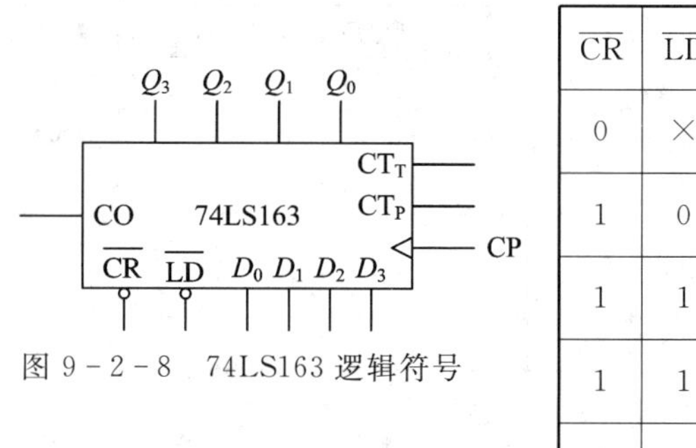

图 9-2-8　74LS163 逻辑符号

表 9-2-7　74LS163 功能表

$\overline{CR}$	$\overline{LD}$	CT_P	CT_T	CP	$Q_3Q_2Q_1Q_0$
0	×	×	×	↑	0000
1	0	×	×	↑	$D_3D_2D_1D_0$
1	1	0	1	×	保持 $CO=Q_3Q_2Q_1Q_0$
1	1	×	0	×	保持且 CO=0
1	1	1	1	↑	计数

④ CT74LS160：十进制同步加法计数器。它包含四个触发器，各触发器状态的改变是在时钟的上升沿完成的，具有异步置 0、同步置数功能。其逻辑符号如图 9-2-9 所示，功能表如表 9-2-8 所示。

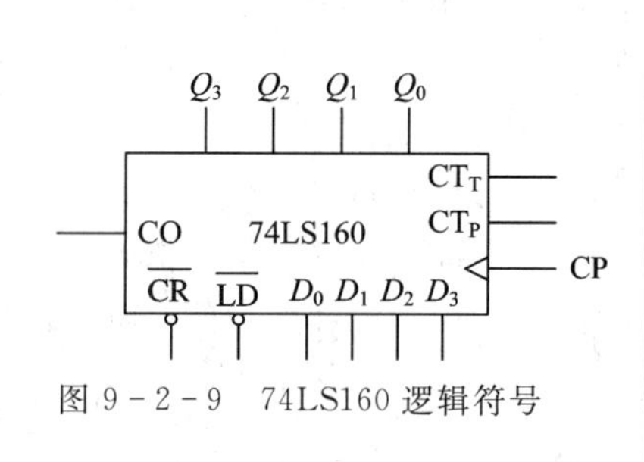

图 9-2-9　74LS160 逻辑符号

表 9-2-8　74LS160 功能表

$\overline{CR}$	$\overline{LD}$	CT_P	CT_T	CP	$Q_3Q_2Q_1Q_0$
0	×	×	×	×	0000
1	0	×	×	↑	$D_3D_2D_1D_0$
1	1	0	1	×	保持 $CO=Q_3Q_0$
1	1	×	0	×	保持且 CO=0
1	1	1	1	↑	计数

⑤ CT74LS162：十进制同步加法计数器。它包含四个触发器，各触发器状态的改变是在时钟的上升沿完成的，具有同步置 0、同步置数功能。其逻辑符号如图 9-2-10 所示，功能表如表 9-2-9 所示。

图 9-2-10　74LS162 逻辑符号

表 9-2-9　74LS162 功能表

$\overline{CR}$	$\overline{LD}$	CT_P	CT_T	CP	$Q_3Q_2Q_1Q_0$
0	×	×	×	×	0000
1	0	×	×	↑	$D_3D_2D_1D_0$
1	1	0	1	×	保持 $CO=Q_3Q_0$
1	1	×	0	×	保持 CO=0
1	1	1	1	↑	计数

⑥ CT74LS190：十进制同步加/减计数器。它包含四个触发器，具有同步置数功能，可做加法计数，也可做减法计数。其逻辑符号如图 9-2-11 所示，功能表如表 9-2-10 所示。

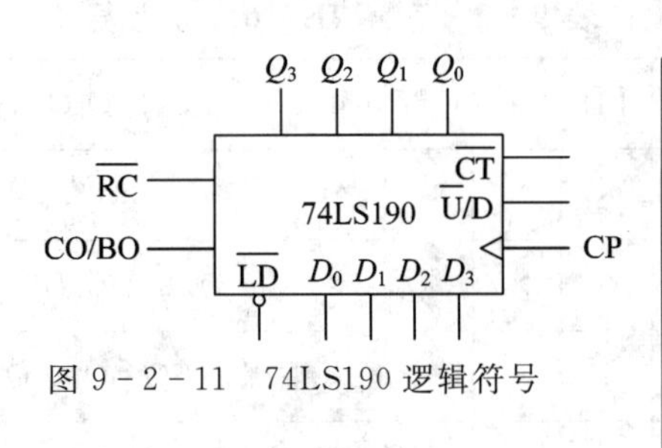

图 9-2-11　74LS190 逻辑符号

表 9-2-10　74LS190 功能表

$\overline{LD}$	$\overline{CT}$	$\overline{U}/D$	CP	$Q_3Q_2Q_1Q_0$
0	×	×	×	$D_3D_2D_1D_0$
1	0	0	↑	加计数 CO/BO $=Q_3Q_0$
1	0	1	↑	减计数 CO/BO $=\overline{Q}_3\overline{Q}_2\overline{Q}_1\overline{Q}_0$
1	1	×	×	计数

2）利用集成计数器构成任意进制（N 进制）计数器

（1）利用反馈归零法构成 N 进制计数器。利用计数器的置 0 功能可构成 N 进制计数器，集成计数器有异步置 0 和同步置 0 两种，因此，利用这两种置 0 功能构成 N 进制计数器的方式也有区别。

① 异步置 0 法（适用于 74LS290、74LS161、74LS160）。异步置 0 不受时钟脉冲 CP 的控制，只要异步置 0 控制端（$\overline{CR}$）出现置 0 有效信号低电平，计数器便立即返回 0 状态。因此，利用异步置 0 功能构成 N 进制计数器时，应根据输入第 N 个计数脉冲后的计数器状态来写反馈归零函数，在输入第 N 个计数脉冲 CP 后，通过反馈控制电路产生一个低电平加到$\overline{CR}$端上，使计数器立刻置 0，回到初始的 0 状态，从而实现了 N 进制计数。

② 同步置 0 法（适用于 74LS163、74LS162）。用计数器的同步置 0 功能构成 N 进制计数器和异步置 0 不同，同步置 0 控制端（$\overline{CR}$）获得置 0 信号低电平后，还需再输入一个计数脉冲 CP，计数器才被置 0。因此，利用同步置 0 功能构成 N 进制计数器时，应根据输入第 $N-1$ 个计数脉冲 CP 后计数器的状态写反馈归零函数，这样，在输入第 N 个计数脉冲 CP 后，计数器被置 0，回到初始的 0 状态，从而实现了 N 进制计数。

（2）利用反馈置数法构成 N 进制计数器。利用计数器的置数功能也可构成 N 进制计数器，集成计数器有异步置数和同步置数两种，因此，利用这两种置数功能构成 N 进制计数器的方式也有区别。

① 异步置数法（适用于 74LS290、74LS190）。与异步置 0 一样，异步置数也不受时钟脉冲 CP 的控制，只要异步置数控制端（$\overline{LD}$）获得置数信号低电平后，并行数据输入端（$D_0D_1D_2D_3$）输入的数据便被立即置入计数器。因此，利用异步置数功能构成 N 进制计数器时，应根据输入第 N 个计数脉冲 CP 后计数器的状态写反馈置数函数。

② 同步置数法（适用于 74LS160、74LS161、774LS162、4LS163）。与同步置 0 一样，同步置数控制端（$\overline{LD}$）获得置数信号低电平后，还需再输入一个计数脉冲 CP，并行数据输入端（$D_0D_1D_2D_3$）输入的数据才会被置入计数器。因此，利用同步置数功能构成 N 进制计数器时，应根据输入第 $N-1$ 个计数脉冲 CP 后计数器的状态写反馈置数函数。

3）寄存器

（1）数码寄存器：可存储二进制代码，但没有移位功能。一个触发器只能存放 1 位二进制代码，因此，当要存放 n 位二进制代码时需要 n 个触发器。寄存器通常由边沿触发器（JK 或 D 触发器）组成。

（2）移位寄存器：既能存储二进制代码，又具有移位功能。移位寄存器分为单向移位寄存器（左移、右移）和双向移位寄存器。

常用的双向移位寄存器 74LS194 的逻辑符号如图 9－2－12 所示，功能表如表 9－2－11所示。

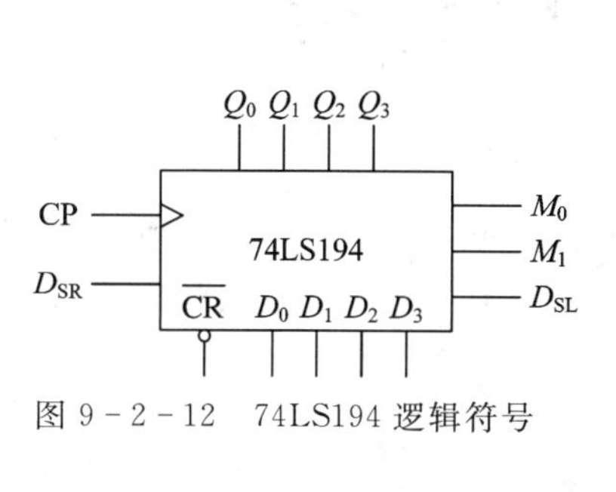

图 9－2－12　74LS194 逻辑符号

表 9－2－11　74LS194 功能表

$\overline{CR}$	M_1	M_0	CP	D_{SL}	D_{SR}	$Q_0Q_1Q_2Q_3$
0	×	×	×	×	×	0 0 0 0
1	0	0	×	×	×	保持
1	0	1	↑	×	0	0 $Q_0Q_1Q_2$
				×	1	1 $Q_0Q_1Q_2$
1	1	0	↑	0	×	$Q_1Q_2Q_3$ 0
				1	×	$Q_1Q_2Q_3$ 1
1	1	1	↑	×	×	$D_0D_1D_2D_3$

移位寄存器可构成环形计数器、扭环形计数器、分频器及顺序脉冲发生器等时序逻辑电路。

4）同步时序逻辑电路的设计

同步时序逻辑电路的设计主要根据逻辑要求，设计出能实现该要求的逻辑电路。

同步时序逻辑电路的设计步骤如下：

（1）根据设计要求，建立原始状态和状态转换图。

（2）状态化简。

（3）状态编码，选择合适类型的触发器，并确定触发器的数目。

如果电路的状态数为 N，则所需触发器的数目 n 可按下式确定：

$$2^{n-1}<N\leqslant 2^n$$

（4）求触发器的驱动方程和电路的输出方程。

（5）根据驱动方程和输出方程画逻辑图。

（6）检查电路能否自启。如设计出来的电路存在无效状态，则应该检查电路一旦进入无效状态后，在时钟脉冲作用下能否自动返回有效状态工作。如能回到有效状态，则说明电路能够自启；否则要修改逻辑设计，使电路能够自启。

【归纳与总结】

学生在任务总结的基础上，写出对模块 2 中知识总的认识和体会。

项目十　四路智力抢答器

在进行智力竞赛时，需要反应及时准确、显示清楚方便的定时抢答设备。通常多组参加竞赛，所以定时抢答设备应该包括一个总控制端和多个具有显示和抢答设置的终端。

一、设计任务

本项目要求学生以中规模数字集成电路为主，设计多路抢答器。

二、设计目的

(1) 熟悉集成电路芯片的引脚安排；

(2) 掌握各芯片的逻辑功能及使用方法；

(3) 了解面包板结构及其接线方法；

(4) 了解组合逻辑电路的设计过程；

(5) 熟悉四路智力抢答器的设计与制作。

三、设计要求

(1) 设计一个智力竞赛抢答器，可同时提供 4 名选手参加比赛，按钮的编号为 1、2、3、4。

(2) 给主持人设置一个控制开关，用来控制系统的清零复位。

(3) 抢答器具有数据锁存、显示和声音提示功能。主持人将系统复位后，参赛者按抢答开关，则该组指示灯亮，并显示出抢答者的序号，同时发出报警声音(当有人抢答时，有 3 s 左右的声音提示)。

(4) 抢答器具有定时抢答的功能，抢答的时间可预设(暂定为 30 s)，当主持人启动开始键后，定时器开始计数并显示，参赛选手在设定时间内进行抢答。如果定时时间到，无人抢答，则定时器发出短暂的声响，本次抢答无效，封锁输入电路，禁止选手超时后抢答。

(5) 抢答器具有答题限时功能，选手抢答成功后，选手的答题时间可预设(暂定为 60 s)，参赛选手需要在规定时间内答题完毕。如果规定时间到，答题未结束，则定时器发出短暂的声响，本次抢答无效，封锁输入电路，禁止选手超时答题。

四、设计框图

图 10-1-1、图 10-1-2 所示分别为“四路智力抢答器”第一部分和第二部分设计框图。

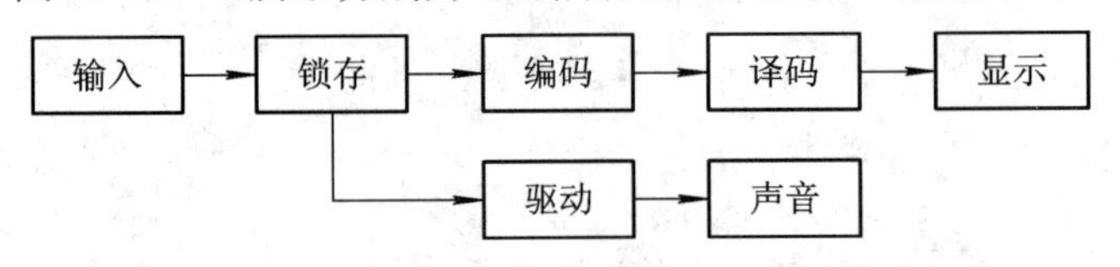

图 10-1-1　“四路智力抢答器”第一部分设计框图

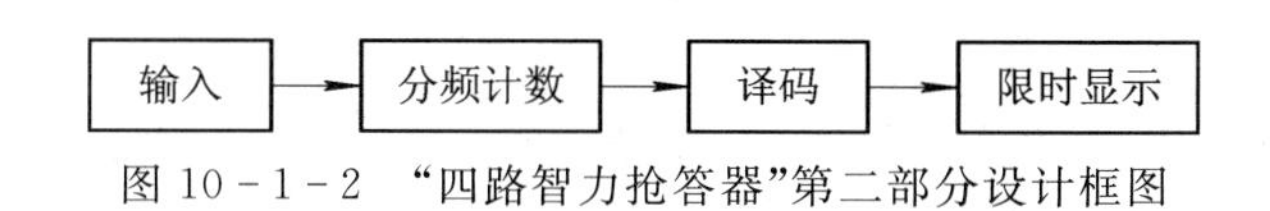

图 10-1-2 “四路智力抢答器”第二部分设计框图

五、设计内容

(一) 设计步骤

(1) 组装信号输入和锁存电路。测试选手抢答和主持人复位的过程。

(2) 完成编码、译码和显示电路。测试选手抢答时编码、译码和显示电路是否正常工作，如果抢答时显示台位不正常，则分析故障原因并改正。

(3) 完成声音报警电路。

(4) 组装调试秒脉冲产生电路。注意：555 是模数混合的集成电路，为防止它对数字电路产生干扰，布线时，555 的电源、地线应与数字电路的电源、地线分开走线。

(5) 组装、调试计数器与译码显示电路。输入 1 Hz 的脉冲信号，观察计数的过程。

(6) 完成电路第一部分和第二部分的组合。用组合逻辑电路设计的方法来实现电路的组合部分。

(7) 完成电路的整体联调，检查电路是否能够满足系统的设计要求。

(8) 画出逻辑电路图，写出完整的总结报告。

(二) 主要元器件(参考)

锁存器 CD4042，四—二输入与非门 74LS00，字段译码器 74LS47，二—四输入与非门 74LS20，555 定时器。

(三) 设计报告要求

(1) 题目要求；

(2) 选择设计方案，画出总电路原理框图，叙述设计思路；

(3) 单元电路设计及基本原理分析；

(4) 提供参数计算过程和选择器件依据；

(5) 记录调试过程，对调试过程中遇到的故障进行分析；

(6) 记录测试结果，并作简要说明；

(7) 设计过程的体会与创新点、建议；

(8) 主要元件清单。

项目十一　带有校时功能的数字钟

数字钟是采用数字电路实现对“时、分、秒”数字显示的计时装置，广泛用于车站、码头、办公室等公共场所，成为人们日常生活中不可少的必需品。由于数字集成电路的发展和石英晶体振荡器的广泛应用，使得数字钟的精度远远超过老式钟表，钟表的数字化给人们的生产生活带来了极大的方便，而且大大地扩展了钟表原先的报时功能。诸如定时自动报警、按时自动打铃、时间程序自动控制、定时广播、自动起闭路灯、定时开关烘箱、通断动力设备，甚至各种定时电气的自动启用等，所有这些，都是以钟表数字化为基础的。因此，研究数字钟及扩大其应用，有着非常现实的意义。

一、设计任务

本项目要求学生以中规模数字集成电路为主，设计并制作一个带有校时功能的精密数字钟。

二、设计目的

（1）熟悉集成电路芯片的引脚安排；

（2）掌握各芯片的逻辑功能及使用方法；

（3）了解面包板结构及其接线方法；

（4）了解数字钟的组成及工作原理；

（5）熟悉数字钟的设计与制作；

（6）熟悉电子电路的焊接制作过程。

三、设计要求

（1）设计一个数字钟，有“时”、“分”、“秒”十进制数显示，“秒”信号同时驱动发光二极管，成为将“时”、“分”、“秒”显示隔开的小数点。显示情况如图 11－1－1 所示。

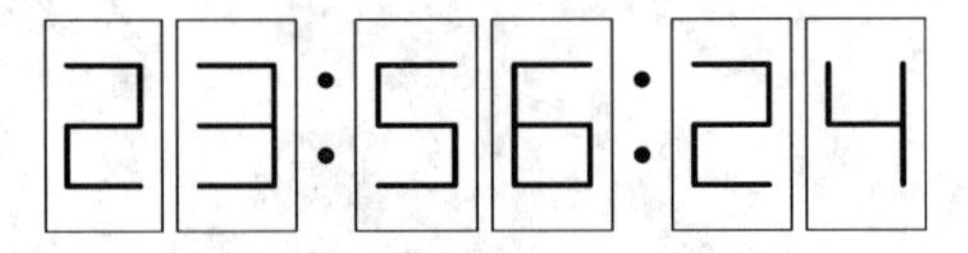

图 11－1－1　数字钟显示情况

（2）计时以一昼夜 24 小时为一个周期，计时到 24 小时自动清零。

（3）具有校时电路。任何时间可对数字钟进行校时，将其拨至标准时间或其他需要的时间。

（4）画出框图和逻辑电路图，写出设计、实验总结报告。

四、设计框图

图 11－1－2 所示为数字钟设计框图。

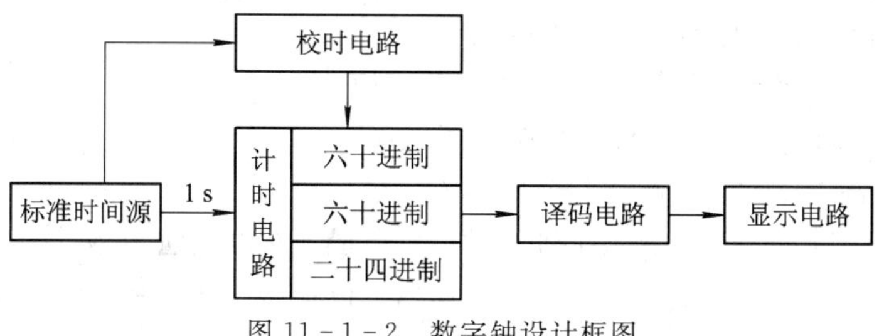

图 11－1－2　数字钟设计框图

五、设计内容

(一) 标准时间源产生电路

1. 示例方案

标准时间源产生的秒脉冲是计时的基准信号，要求有高的稳定度，通常应由晶体稳频振荡器产生。为了简便起见，也可由 555 定时器构成多谐振荡器来完成。图 11－1－3 所示为标准时间源产生电路。该 555 定时器构成的多谐振荡器的振荡周期为 $T=0.7(R_1+2R_2)C$，可通过调节电位器 R_P 的阻值，产生振荡周期为 1 s 的周期性脉冲信号，作为数字钟的标准时间源。

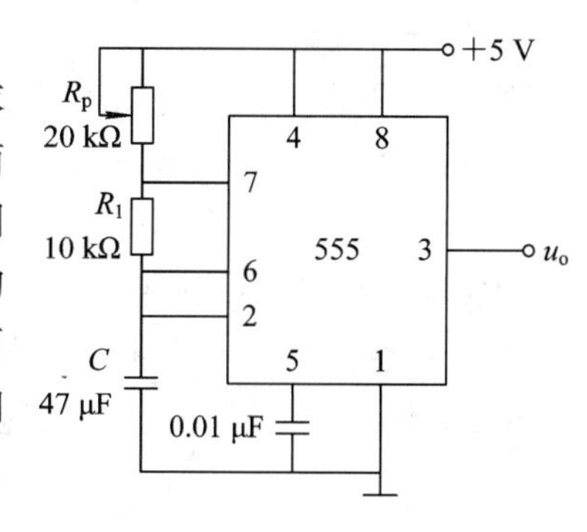

图 11－1－3　标准时间源产生电路

2. 设计方案

石英晶体振荡器的特点是振荡频率准确、电路结构简单、频率易调整。如果精度要求不高，可采用集成电路 555 定时器与 *RC* 组成的多谐振荡器。由于石英晶体振荡器产生的频率很高，要得到秒脉冲，需要用分频电路。例如，振荡器输出 4 Hz 信号，通过 D 触发器(74LS74)进行四分频变成 1 Hz，然后再送到后续的十分频计数器等。

要求设计由石英晶体振荡器和分频器构成的秒脉冲发生器(标准时间源产生电路)。

参考元件：CD4060，CD4063。

(二) 以 24 h 为周期的计数、译码、显示电路

1. 示例方案

秒和分的计数器分别用 2 片 74LS161 构成的六十进制加法计数器串接而成。它们的个位为十进制，十位为六进制计数器，个位计数器的输出经过处理后送至十位计数器作为时钟信号，计到 60 时通过同步置数清零。时计数器也是用 2 片 74LS161 构成的 2 位加法计数器，其模为 24。当计数器计到 24 h 时，时、分、秒全部清零。

我们设计电路时，希望所用的计数器能在达到要求的功能的同时，具有最简单的线路连接、尽可能低的成本以及灵活通用等优点。因此本方案采用了一些数字电子技术教材中常见的 4 位同步二进制加法计数器 74LS161 来构成电路的计数部分，各用 2 片 74LS161 分

别构成秒、分、时计数。

第(1)、(2)两片 74LS161 组成六十进制的秒计数器。第(1)片是个位，接成十进制，它的 Q_1 和 Q_4 的输出经过与非门 G_1 后接至第(2)片(十位)的 CP 输入端。十位采用同步置数法接成六进制。十位片的进位输出取自门电路 G_2 的输出。

当十位计数器计成 5 以后门 G_2 输出低电平，使 LD=0，处于预置数工作状态。当第 6 个来自个位的进位脉冲到达时，计数器被置成 $Q_4Q_3Q_2Q_1 = D_4D_3D_2D_1 = 0000$ 状态，同时 G_2 的输出跳变成高电平，使分计时器个位计入 1 个“1”。

第(3)、(4)片 74LS161 组成六十进制的分计数器，它的接法与秒计数器完全相同。

第(5)、(6)片 74LS161 组成时计数器，其中个位仍接为十进制计数器，以它的进位输出信号作为十位的脉冲。当计到 24 时(个位为 4，十位为 2)，门电路 G_6 输出变成低电平，使 6 片 74LS16 的 R_0 为低电平，6 片计数器立即被置成 0000。

译码器由 6 片 74LS47 组成，每 1 片 74LS47 驱动 1 只数码管，显示时、分、秒。由于 7447 是以低电平为输出信号的，所以显示的数码管应该配共阳极接法的七段数码管。

2. 设计方案

石英振荡器与分频电路产生的秒脉冲信号送入计数器，计数结果通过“时”、“分”、“秒”译码电路后显示时间。译码是将给定的代码进行翻译。计数器采用的码制不同，译码电路也不同。显示电路采用 7 段 LED 显示器显示译码电路输出的数字，显示器有共阳极和共阴极两种。使用 CD4518、CD4511、LED 显示器、门电路、二极管、电阻等元器件设计完成电路，并加秒点显示。(芯片管脚表见附录三)

(三) 数字钟的时、分、秒快速校验电路

1. 示例方案

将秒、分、时 3 个计数器的串行计时方式改为并行校时计数方式，也就是将秒信号并行送到 3 个计数器，使时、分计数器快速计到需要的数值，然后再恢复到串行计时方式。

具体方式是：设置两个控制开关 S_5 和 S_6，分别控制时和分计数器校时，其电路如图 11-1-4 所示。当 S_5 和 S_6 接到计时时，并行信号断开，串行计时；当 S_5 和 S_6 接到校时时，秒计数器保持，停止计数，此时时和分的脉冲是秒信号，进行快速计数，达到校时的目的。详细电路图见图 11-1-5。

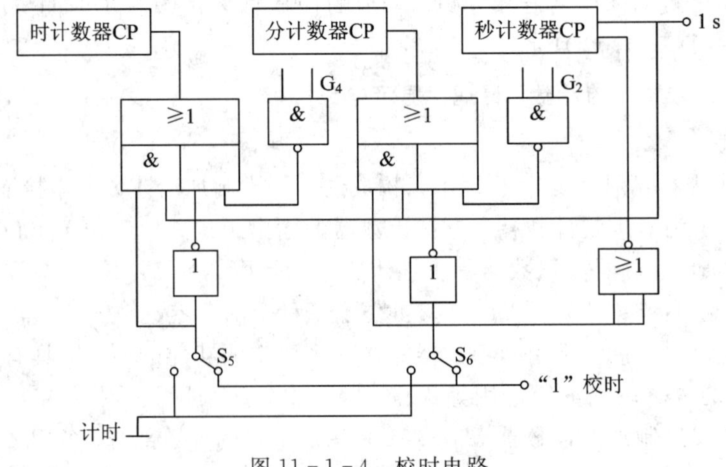

图 11-1-4　校时电路

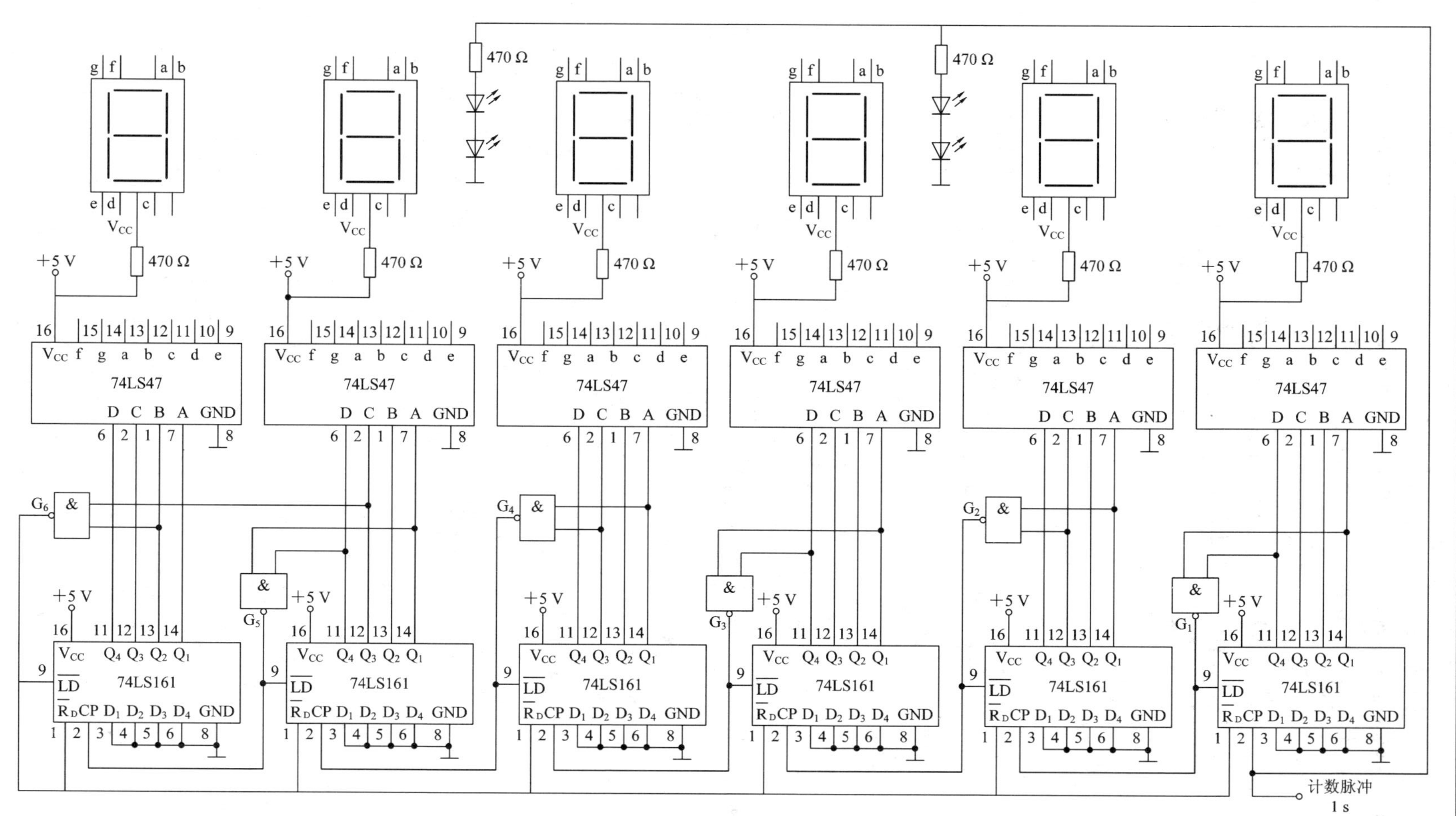

图11-1-5　24周期的计数、译码、显示电路

2. 设计方案

校时电路要求可以分别调整“时”、“分”、“秒”的时间，可通过在调时的时候把 2Hz 的信号加载到 4518 的一个计数器的使能端来完成。

（四）数字钟综合设计与制作

独立完成示例方案和设计方案的数字钟总体设计方案，画出电路图并在面包板上插装测验。把设计方案的电路在电路板上进行焊接，并将焊接完的电路板进行测试。

独立完成设计报告。

附录一　模拟电子技术项目成品照片

1. 小型功率放大器(见图 F-1)

图 F-1　小型功率放大器

2. 触摸式报警器(见图 F-2)

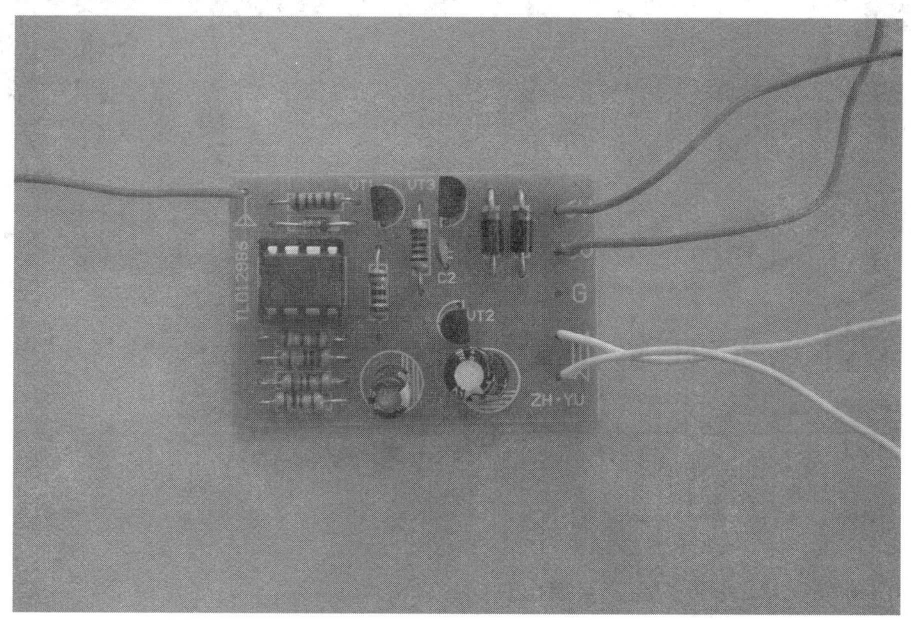

图 F-2　触摸式报警器

3. 0～12 V 可调的直流稳压电源(见图 F-3)

图 F-3　0～12 V 可调的直流稳压电源

4. 超外差收音机(见图 F-4)

图 F-4　超外差收音机

附录二　数字电子技术项目成品照片

1. 数字钟(见图 F－5)

图 F－5　数字钟

2. 简易门铃(见图 F－6)

图 F－6　简易门铃

3. 心形彩灯(见图 F-7)

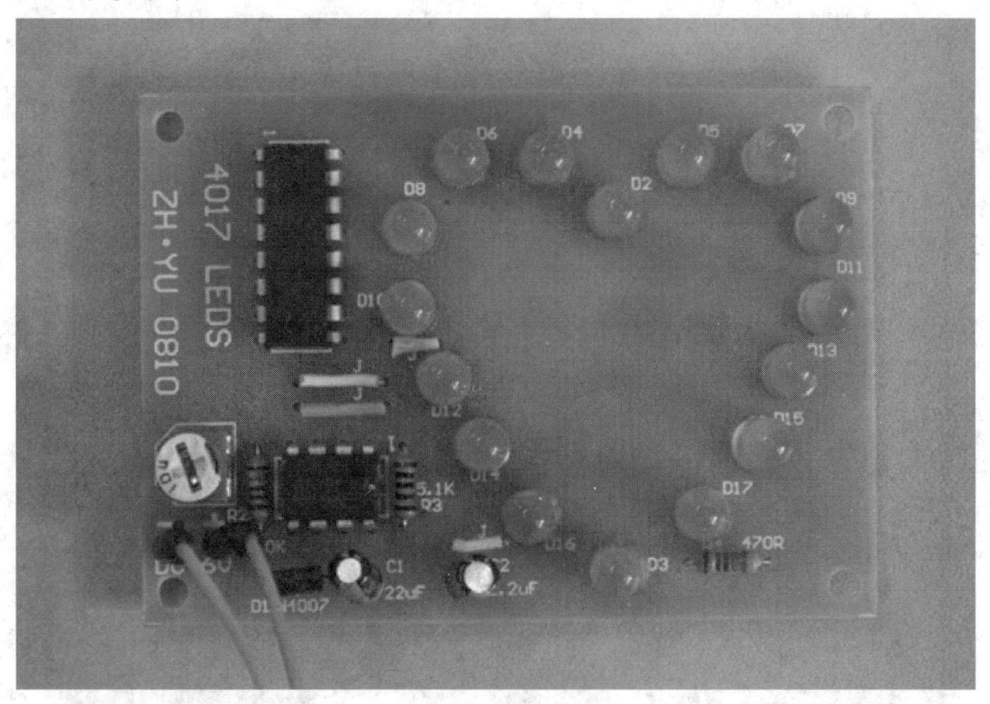

图 F-7　心形彩灯

4. 四路抢答器(见图 F-8)

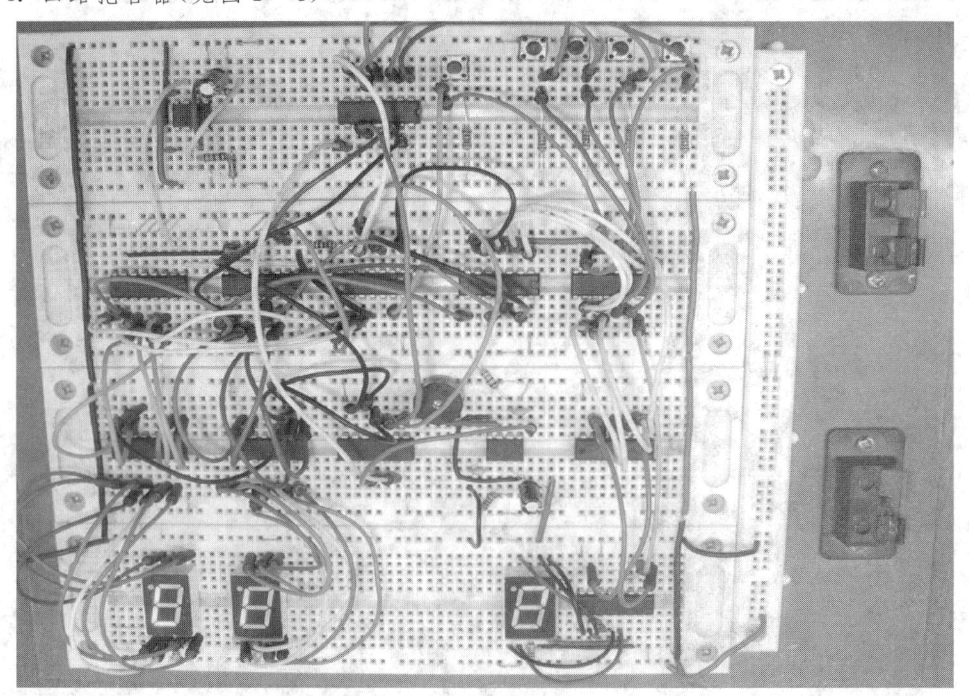

图 F-8　四路抢答器

附录三　常用芯片管脚排列图

图 F-9 为常用芯片管脚排列图。

引脚	名称	引脚	名称
1	1A	14	V_{CC}
2	1B	13	4B
3	1Y	12	4A
4	2A	11	4Y
5	2B	10	3B
6	2Y	9	3A
7	GND	8	3Y

(a) 7400 与非门

引脚	名称	引脚	名称
1	1A	14	V_{CC}
2	1B	13	2D
3	NC	12	2C
4	1C	11	NC
5	1D	10	2B
6	1Y	9	2A
7	GND	8	2Y

(b) 7420 与非门

引脚	名称	引脚	名称
1	1A	14	V_{CC}
2	1B	13	4B
3	1Y	12	4A
4	2A	11	4Y
5	2B	10	3B
6	2Y	9	3A
7	GND	8	3Y

(c) 7403 OC 门

引脚	名称	引脚	名称
1	1G′	16	V_{CC}
2	B	15	2G′
3	1C3	14	A
4	1C2	13	2C3
5	1C1	12	2C2
6	1C0	11	2C1
7	1Y	10	2C0
8	GND	9	2Y

(d) 74153 双 4 选 1 数据选择器

引脚	名称	引脚	名称
1	$\overline{R}_D$	16	V_{CC}
2	1Q	15	4Q′
3	1Q′	14	4Q
4	1D	13	4D
5	2D	12	3D
6	2Q′	11	3Q′
7	2Q	10	3Q
8	GND	9	CP

(e) 74175 D 触发器

引脚	名称	引脚	名称
1	1G′	16	V_{CC}
2	1A	15	2G′
3	1B	14	2A
4	1Y0	13	2B
5	1Y1	12	2Y0
6	1Y2	11	2Y1
7	1Y3	10	2Y2
8	GND	9	2Y3

(f) 74139 双 2 线/4 线译码器

引脚	名称	引脚	名称
1	O_5	16	V_{DD}
2	O_1	15	MR
3	O_0	14	CP_0
4	O_2	13	CP_1
5	O_6	12	CO
6	O_7	11	O_9
7	O_3	10	O_4
8	V_{SS}	9	O_8

(g) 4017 环形计数器

引脚	名称	引脚	名称
1	1EN	14	V_{CC}
2	1A	13	4EN
3	1Y	12	4A
4	2EN	11	4Y
5	2A	10	3EN
6	2Y	9	3A
7	GND	8	3Y

(h) 74126 三态门

引脚	名称	引脚	名称
1	GND	8	V_{CC}
2	$\overline{TR}$	7	DIS
3	OUT	6	TH
4	$\overline{R}_D$	5	CO

(i) 555 定时器

引脚	名称	引脚	名称
1	O_3	16	V_{DD}
2	O_0	15	$O_{3'}$
3	$O_{0'}$	14	D_3
4	D_0	13	D_2
5	E_0	12	$O_{2'}$
6	E_1	11	O_2
7	D_1	10	O_1
8	GND	9	$O_{1'}$

(j) 4042 四路锁存器

引脚	名称	引脚	名称
1	B	16	V_{CC}
2	C	15	O_F
3	LT′	14	O_G
4	BI/RBO′	13	O_A
5	RBI′	12	O_B
6	D	11	O_C
7	A	10	O_D
8	GND	9	O_E

(k) 7447 七段译码器

引脚	名称	引脚	名称
1	CLR′	16	V_{CC}
2	CLK	15	RCO
3	A	14	Q_A
4	B	13	Q_B
5	C	12	Q_C
6	D	11	Q_D
7	ENP	10	ENT
8	GND	9	LOAD′

(l) 74161 四位二进制同步加法计数器

引脚	名称	引脚	名称
1	2CP	14	1CP
2	R_{01}	13	NC
3	R_{02}	12	Q_A
4	NC	11	Q_D
5	V_{CC}	10	GND
6	R_{91}	9	Q_B
7	R_{92}	8	Q_C

(m) 7490 二—五—十进制计数器

引脚	名称	引脚	名称
1	1CP	14	1J
2	1CLR′	13	1Q′
3	1K	12	1Q
4	V_{CC}	11	GND
5	2CP	10	2K
6	2CLR′	9	2Q
7	2J	8	2Q′

(n) 7473 JK 触发器

图 F-9　常用芯片管脚排列图

参考文献

[1] 康华光. 电子技术基础：模拟部分. 4 版. 北京：高等教育出版社，1999
[2] 胡宴如. 模拟电子技术. 3 版. 北京：高等教育出版社，2008
[3] 谢嘉奎. 电子线路：线性部分. 4 版. 北京：高等教育出版社，1999
[4] 廖先芸，郝军. 电子技术实践与训练. 北京：高等教育出版社，2000
[5] 谢自美. 电子线路设计·实验·测试. 武昌：华中理工大学出版社，1994
[6] 清华大学电子学教研组，阎石. 数字电子技术基础. 4 版. 北京：高等教育出版社，1998
[7] 华中理工大学电子学教研室，邹寿彬. 电子技术基础：数字部分. 北京：高等教育出版社，1993
[8] 杨志忠. 数字电子技术. 2 版. 北京：高等教育出版社，2003
[9] 李世雄，丁康源. 数字集成电子技术教程. 北京：高等教育出版社，1993
[10] 章忠全. 电子技术基础：实验与课程设计. 北京：中国电力工业出版社，1994